新世纪高职高专
软件专业系列规划教材

新世纪

Delphi 程序设计

DELPHI CHENGXU SHEJI

新世纪高职高专教材编审委员会 组编
主 编 顾雯雯
副主编 张灵芝 庞一凡

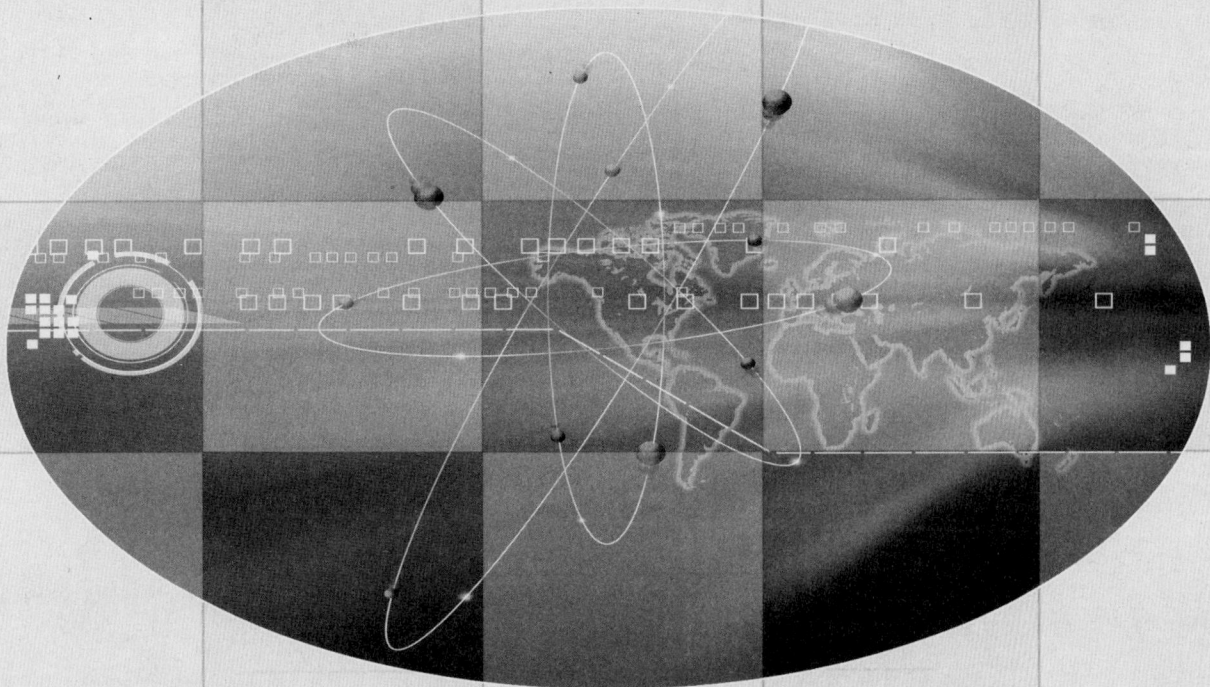

大连理工大学出版社
DALIAN UNIVERSITY OF TECHNOLOGY PRESS

图书在版编目(CIP)数据

Delphi 程序设计 / 顾雯雯主编. —大连：大连理
工大学出版社，2011.11
新世纪高职高专软件专业系列规划教材
ISBN 978-7-5611-6589-8

Ⅰ. ①D… Ⅱ. ①顾… Ⅲ. ①软件工具－程序设计－
高等职业教育－教材 Ⅳ. ①TP311.56

中国版本图书馆 CIP 数据核字(2011)第 213753 号

大连理工大学出版社出版
地址：大连市软件园路 80 号　邮政编码：116023
发行：0411-84706041　邮购：0411-84706041　传真：0411-84707403
E-mail：dutp@dutp.cn　URL：http://www.dutp.cn
大连美跃彩色印刷有限公司印刷　　大连理工大学出版社发行

幅面尺寸：185mm×260mm　　　印张：12.5　　　字数：283 千字
印数：1～2000
2011 年 11 月第 1 版　　　　　2011 年 11 月第 1 次印刷

责任编辑：潘弘喆　　　　　　　　　　责任校对：周雪姣
封面设计：张　莹

ISBN 978-7-5611-6589-8　　　　　　　定　价：29.80 元

总　序

　　我们已经进入了一个新的充满机遇与挑战的时代,我们已经跨入了 21 世纪的门槛。

　　20 世纪与 21 世纪之交的中国,高等教育体制正经历着一场缓慢而深刻的革命,我们正在对传统的普通高等教育的培养目标与社会发展的现实需要不相适应的现状作历史性的反思与变革的尝试。

　　20 世纪最后的几年里,高等职业教育的迅速崛起,是影响高等教育体制变革的一件大事。在短短的几年时间里,普通中专教育、普通高专教育全面转轨,以高等职业教育为主导的各种形式的培养应用型人才的教育发展到与普通高等教育等量齐观的地步,其来势之迅猛,发人深思。

　　无论是正在缓慢变革着的普通高等教育,还是迅速推进着的培养应用型人才的高职教育,都向我们提出了一个同样的严肃问题:中国的高等教育为谁服务,是为教育发展自身,还是为包括教育在内的大千社会? 答案肯定而且唯一,那就是教育也置身其中的现实社会。

　　由此又引发出高等教育的目的问题。既然教育必须服务于社会,它就必须按照不同领域的社会需要来完成自己的教育过程。换言之,教育资源必须按照社会划分的各个专业(行业)领域(岗位群)的需要实施配置,这就是我们长期以来明乎其理而疏于力行的学以致用问题,这就是我们长期以来未能给予足够关注的教育目的问题。

　　如所周知,整个社会由其发展所需要的不同部门构成,包括公共管理部门如国家机构、基础建设部门如教育研究机构和各种实业部门如工业部门、商业部门,等等。每一个部门又可作更为具体的划分,直至同它所需要的各种专门人才相对应。教育如果不能按照实际需要完成各种专门人才培养的目标,就不能很好地完成社会分工所赋予它的使命,而教育作为社会分工的一种独立存在就应受到质疑(在市场经济条件下尤其如此)。可以断言,按照社会的各种不同需要培养各种直接有用人才,是教育体制变革的终极目的。

随着教育体制变革的进一步深入,高等院校的设置是否会同社会对人才类型的不同需要一一对应,我们姑且不论。但高等教育走应用型人才培养的道路和走研究型(也是一种特殊应用)人才培养的道路,学生们根据自己的偏好各取所需,始终是一个理性运行的社会状态下高等教育正常发展的途径。

高等职业教育的崛起,既是高等教育体制变革的结果,也是高等教育体制变革的一个阶段性表征。它的进一步发展,必将极大地推进中国教育体制变革的进程。作为一种应用型人才培养的教育,它从专科层次起步,进而应用本科教育、应用硕士教育、应用博士教育……当应用型人才培养的渠道贯通之时,也许就是我们迎接中国教育体制变革的成功之日。从这一意义上说,高等职业教育的崛起,正是在为必然会取得最后成功的教育体制变革奠基。

高等职业教育还刚刚开始自己发展道路的探索过程,它要全面达到应用型人才培养的正常理性发展状态,直至可以和现存的(同时也正处在变革分化过程中的)研究型人才培养的教育并驾齐驱,还需要假以时日;还需要政府教育主管部门的大力推进,需要人才需求市场的进一步完善发育,尤其需要高职教学单位及其直接相关部门肯于做长期的坚忍不拔的努力。新世纪高职高专教材编审委员会就是由全国100余所高职高专院校和出版单位组成的旨在以推动高职高专教材建设来推进高等职业教育这一变革过程的联盟共同体。

在宏观层面上,这个联盟始终会以推动高职高专教材的特色建设为己任,始终会从高职高专教学单位实际教学需要出发,以其对高职教育发展的前瞻性的总体把握,以其纵览全国高职高专教材市场需求的广阔视野,以其创新的理念与创新的运作模式,通过不断深化的教材建设过程,总结高职高专教学成果,探索高职高专教材建设规律。

在微观层面上,我们将充分依托众多高职高专院校联盟的互补优势和丰裕的人才资源优势,从每一个专业领域、每一种教材入手,突破传统的片面追求理论体系严整性的意识限制,努力凸现高职教育职业能力培养的本质特征,在不断构建特色教材建设体系的过程中,逐步形成自己的品牌优势。

新世纪高职高专教材编审委员会在推进高职高专教材建设事业的过程中,始终得到了各级教育主管部门以及各相关院校相关部门的热忱支持和积极参与,对此我们谨致深深谢意,也希望一切关注、参与高职教育发展的同道朋友,在共同推动高职教育发展、进而推动高等教育体制变革的进程中,和我们携手并肩,共同担负起这一具有开拓性挑战意义的历史重任。

新世纪高职高专教材编审委员会

2001 年 8 月 18 日

前 言

    Delphi 是 Borland 公司开发的一种不仅有面向对象的可视化开发环境，还提供了功能强大的可视化组件库（VCL）的开发工具，可以说，Delphi 是优秀的可视化软件开发工具的象征。随着 Delphi 7 Studio 及相关工具的推出，Borland 提供了快速的可视化开发平台、省力的开发工具和支持平台、技术广泛的开发环境，因而得到了人们的广泛赞誉。对于广大程序开发人员来说，使用 Delphi 开发应用程序软件，无疑会大大提高编程效率。

    "Delphi 程序设计"是一门操作性很强的课程。本书采用模块化编写方法，分开发基础篇和应用提高篇，共有九个模块。模块一～模块三为开发基础篇，通过大量实例介绍了 Delphi 的开发环境，编程语言和面向对象编程的基础知识。通过这部分的学习，读者能够掌握基础的 Delphi 语法以及关于面向对象编程的知识，编写简单的 Delphi 程序。模块四～模块九为应用提高篇，通过大量实例介绍了窗体的设计，常用组件的使用，菜单、工具栏和状态栏的使用，对话框的使用，图形图像的处理技术和数据库的编程等应用。通过这部分的学习，读者能够开发功能较为全面的 Windows 应用程序。

    本书具有以下特色：

    （1）突出模块化教学与学习，知识内容层层深入。

    （2）编写时采用任务驱动，便于学习，突出能力培养。在例题选取上力求围绕中心内容，科学、全面、实用，强调基础，强化应用。

本书由顾雯雯任主编，由张灵芝、庞一凡任副主编。在编写过程中，赵震奇老师提供了建议和帮助。

由于编写时间仓促，本书错误和不妥之处在所难免，敬请读者批评指正。编者电子邮箱为：jennygww@163.com。

所有意见和建议请发往：dutpgz@163.com

欢迎访问我们的网站：http://www.dutpbook.com

联系电话：0411-84707492 84706104

编 者

2011 年 11 月

目　录

第一篇 开发基础篇

Delphi 7 开发环境

Delphi 是一个可视化的集成开发环境(IDE),其核心是由传统 Pascal 语言发展而来的 Object Pascal。Delphi 以图形用户界面为开发环境,通过 IDE、VCL 工具与编译器,配合连接数据库的功能,构成一个以面向对象为中心的应用程序开发工具。

☞ **本模块学习要点**

1. Delphi 介绍
2. Delphi 7 集成开发环境
3. Delphi 7 程序设计过程

项目一　Delphi 介绍

(建议:2 课时)

一、Delphi 的特点

由 Borland 公司推出的 Delphi 是全新的可视化编程环境,它为我们提供了一种方便、快捷的 Windows 应用程序开发工具。它吸收 Windows 图形用户界面的许多先进特性和设计思想,采用可重复利用的完整的面向对象程序语言(Object-Oriented Language)和领先的数据库技术,配备当今世界上最快的编译器。

Delphi 是一个集成开发环境,从程序设计、代码编辑、程序调试,到最后形成发布程序的全部工作都可以在这个集成环境中完成。其采用面向对象的编辑语言 Object Pascal 和基于部件的开发结构框架。Delphi 提供 500 多个可供使用的部件,利用这些部件,开发人员可以快速地构造应用系统。开发人员也可以根据自己的需要修改部件或编写部件。主要特点如下:

1. 直接编译生成可执行代码,编译速度快。

2. 提供许多快速方便的开发方法,使开发人员能够用尽可能少的重复性工作完成各种不同的应用。利用项目模板和专家生成器可以很快建立项目的构架,然后根据用户的实际需要逐步完善。

3. 具有重用性和可扩展性。

4. 具有强大的数据存取功能。它的数据处理工具 BDE(Borland Database Engine)是一个标准的中介软件层,可以用来处理当前流行的数据格式,如 xBase、Paradox 等,也可以通过 BDE 的 SQL Link 直接与 Sybase、SQL Server、Informix、Oracle 等大型数据库连接。

5.拥有强大的网络开发能力,能够快速地开发 B/S 应用,它内置的 IntraWeb 和 ExpressWeb 使其对网络的开发效率超过了其他任何开发工具。

6.使用独特的 VCL 类库,使其编写出的程序条理清晰。

7.从 Delphi 8 开始 Delphi 也支持.Net 框架下的程序开发。

二、Delphi 的发展历程

Delphi 是第四代编程语言,是 RAD(Rapid Application Development,快速应用程序开发)工具的代表。从核心上说,Delphi 是一个 Pascal 编译器。

Delphi 的发展历程:

1995 年 Delphi 1.0 支持 16 位 Windows 开发,是基于框架(VCL)的,可拖曳、可视化的开发环境。

1996 年 Delphi 2.0 以 32 位编译器为核心,支持 C/S 数据库开发。

1997 年 Delphi 3.0 语法:加入接口(Interface)的机制。

1998 年 Delphi 4.0 语法:加入动态数组和方法覆盖等支持。

1999 年 Delphi 5.0 增强了 IDE 和调试器,提供了 TeamSource。简化 Internet 的开发,增强数据库支持。

2001 年 Delphi 6.0 提供了 Web Service,跨平台的 Kylix 1.0 和 CLX。

2002 年 Delphi 7.0 提供了.NET 的过渡,增强了 Internet 的开发(IntraWeb),完善数据库支持,增加了 Indy 网路元件和 Rave Report 资料库报表,并且支持 UML 及 XP 的程式制作。

三、Delphi 的安装

1.安装 Delphi 7 企业版的系统要求

(1)Intel Pentium 166 MHz 或更高配置的处理器;

(2)128 MB 以上内存;

(3)安装完全的企业版大约需要 475 MB 的硬盘空间;

(4)Microsoft Windows 98、2000、XP 或更高版本的操作系统平台;

(5)此外,还要求系统配有 CD-ROM 驱动器、VGA 或更高性能的彩色显示器及鼠标等外设。

2.Delphi 7 企业版的安装

安装界面如图 1-1 所示。

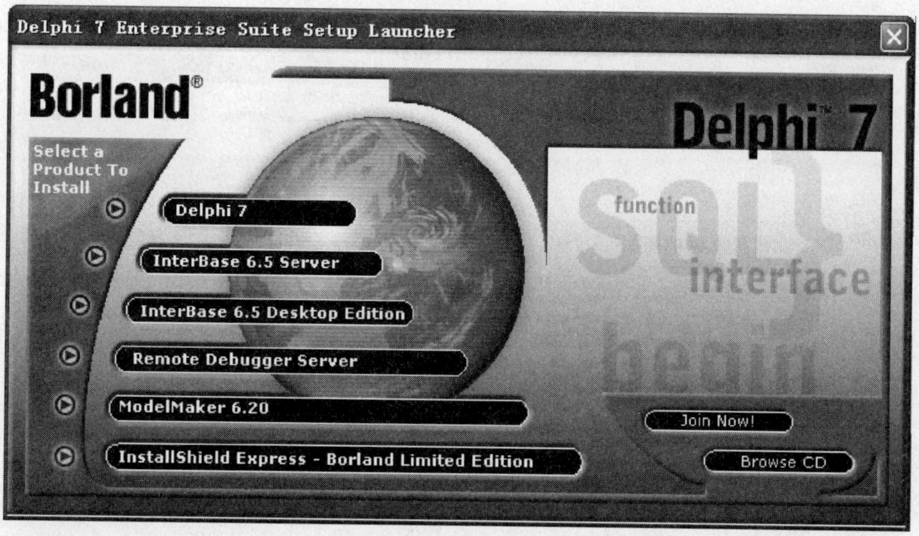

图 1-1 安装界面

在图 1-1 中,选项说明如下:

【Delphi 7】

Delphi 7 的集成开发环境。用户应选此项,进行安装 Delphi 7。

【InterBase 6.5 Server】

Borland 公司随 Delphi 一起发布的数据库服务器 Local Server,也是一种大型 SQL 数据库,具有 SQL 数据库(如 SQL Server、Oracle、DB2 等)的大部分功能。

【InterBase 6.5 Desktop Edition】

提供了 InterBase 6.5 的一些管理工具,使开发人员可以轻松地构建和管理 InterBase 6.5 服务器。

【Remote Debugger Server】

远程调试服务器。

【ModelMaker 6.20】

提供了一种崭新的类和构件包的开发模式,在编写构件时只需利用这个工具将要设计的构件以框图的形式进行概念搭建,就可以自动生成所需的代码。

【InstallShield Express】

InstallShield 公司为 Delphi 7 量身定做的安装文件制作软件。

项目二　Delphi 7 集成开发环境

(建议:2 课时)

Delphi 集成开发环境的界面分为以下七大部分,分别是主菜单、工具栏、组件面板、对象树视图、对象观察器、设计视图和代码编辑器,如图 1-2 所示。

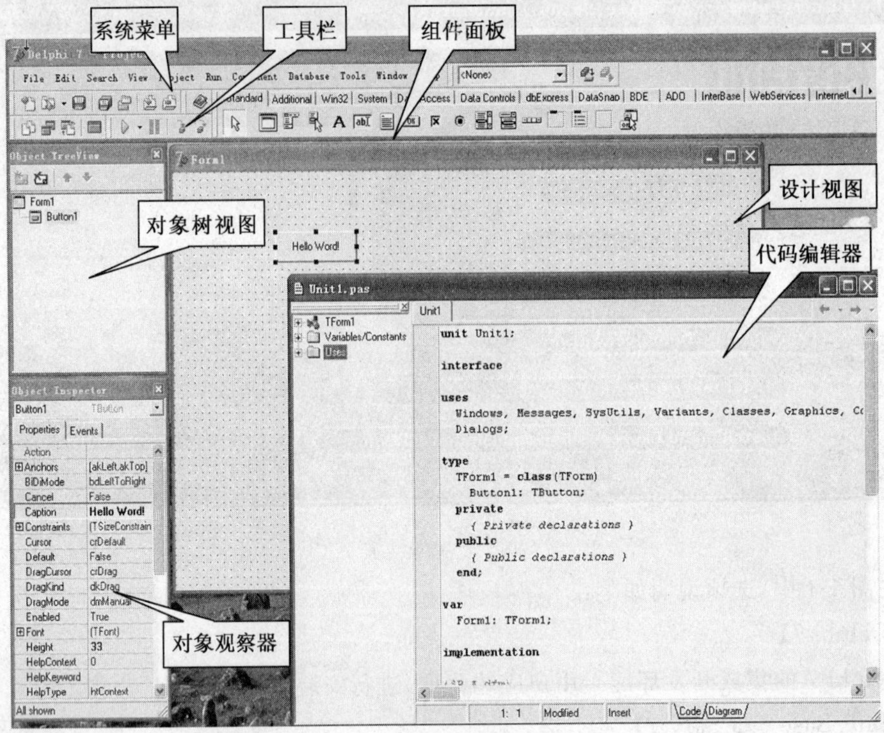

图 1-2 Delphi 集成开发环境

一、集成开发环境的界面

1. 主窗口

（1）系统菜单

系统菜单是下拉式菜单，提供了 Delphi 7 集成开发环境中开发应用程序所需的各种功能，见表 1-1。

表 1-1 Delphi 系统菜单

菜单	功能
File	含有新建、打开和保存 Delphi 环境中各个项目和文件的命令
Edit	提供了编辑代码和窗体组件的各种命令，如删除、复制和粘贴等
Search	搜索、替换和定位字符串命令
View	打开 Delphi 环境中各个窗口与项目中的窗体和单元文件等
Project	管理、编译和配置项目文件
Run	调试应用程序，如设置断点、单步执行等
Component	用于建立和安装组件以及定制自己的组件板
Database	开发数据库应用程序的各种工具
Tools	Delphi 环境设置和一些 Delphi 外挂工具
Window	切换指定窗口为活动窗口
Help	Delphi 帮助文件

（2）工具栏

工具栏位于主窗口的左下端，由两排工具按钮组成，这些按钮是系统菜单命令的快捷方式，各种图标直观地显示了它们能执行的动作。

（3）组件面板

组件面板包含了 Delphi 的可视化组件，例如，按钮、列表框、编辑框等。组件面板由若干组件页组成，利用它们来选择需要的组件并将其放到窗体中去，见表1-2。

表 1-2   Delphi 组件面板

名称	说明
Standard	标准的 Windows 控件和菜单
Additional	自定义的控件
Win32	32 位 Windows 的常用组件
System	进行系统级访问控制的组件和控件，包括定时器、DDE 等
Data Access	非可视化的组件，用来访问数据库、数据库表、查询和报表
Data Controls	可视化的数据访问控件
ADO	使用 ADO 对象连接数据库的组件
InterBase	连接 InterBase 数据库的控件，不需要 BDE 和 ADO
Midas	用于多层分布式应用服务的各种控件
Internet Express	用来建立 Web 服务器/多级数据库应用的客户机程序的组件
Internet	用来建立 Web 服务器应用程序的对象
FastNet	为应用程序提供一系列 Internet 访问协议
Decision Cube	总结数据库中信息的控件，用来分析数据库中的数据
Qreport	用于创建内嵌报表的快速报表的组件
Dialogs	Windows 的常用对话框
Win3.1	与 Delphi 1.0 项目兼容的组件
Samples	自制的组件例子，包括进度指示器、颜色网格等
ActiveX	ActiveX 控件的例子
Services	封装 COM 服务器

2. 设计视图

设计视图是开展大部分设计工作的区域。首次启动 Delphi 7 时，系统会自动创建一个普通的应用程序项目，同时创建一个默认窗体 Form1。

窗体相当于组件的容器，可以把组件放在窗体中。通过鼠标拖动操作来移动组件位置和改变尺寸，可以随心所欲地安排它们，以此来开发应用程序的用户界面。

窗体上有网格(Grids),放置组件时网格可以用于定位,在程序运行时网格是不可见的。

3.代码编辑器(Code Editor)

在默认情况下,代码编辑器隐藏在设计视图之下,在代码编辑器和设计视图之间进行切换可以按 F12 键,如图 1-3 所示。

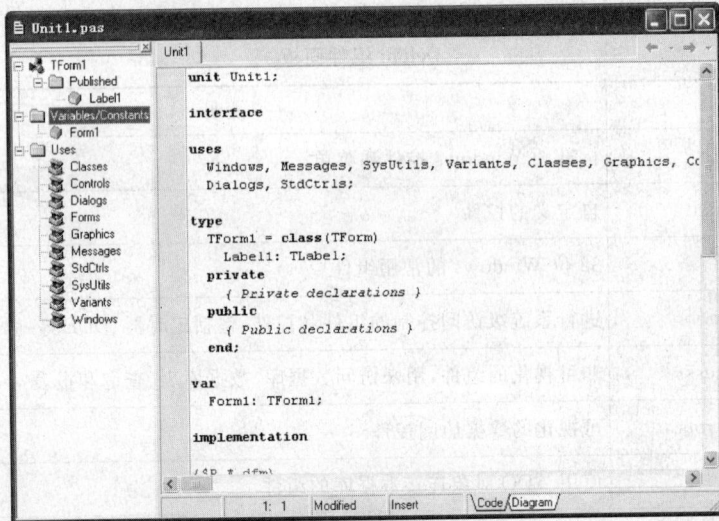

图 1-3 Delphi 代码编辑器

Delphi 7 提供了以下快捷的代码编辑功能:

(1)程序调试功能

如果在程序编译中发生错误或产生警告,会在代码编辑器下方的 Message 窗口显示相关的错误、警告信息,点击信息,光标就会移动到代码中相应的行。

(2)帮助查询功能

当程序员对代码中的某个组件或关键字不清楚时,只需要将光标移到该单词上,然后按 F1 键,就会自动打开帮助,并显示相关内容。

(3)代码分析功能

· Class Completion

· Code Insight

4.对象观察器(Object Inspector)

Object Inspector 窗口有两页:Properties 页显示窗体中当前被选择部件的属性信息,并允许改变对象的属性;Events 页列出了当前部件可以响应的事件,如图 1-4 所示。按动 Object Inspector 下端的 Events 页选项卡,使得 Events 页可见,在事件后边的空白处,可以定义对象接收到相应事件时执行的动作。首次启动时,Object Inspector 窗口显示的是当前窗体 Form1 的属性。Object Inspector 根据对象属性的多少,决定是否有滚动显示。移动滚动条,可以查看当前对象的全部属性。

此外,Object Inspector 上还有 Object Selector(对象选择器),位于 Object Inspector 窗口上方的下拉式菜单中。它显示了窗体上所有部件的名称和类型,也包含窗体本身。

我们可以用 Object Selector 很容易地在窗体的各个部件之间切换,也可以快速地回到窗体本身。当窗体中含有较多的对象时,这是切换对象尤其是回到窗体的最快捷途径。

若要 Object Inspector 一直可见,可将鼠标移到 Object Inspector 窗口上,单击右键,启动 Object Inspector 的弹出式菜单,将其设置为 Stay On Top。

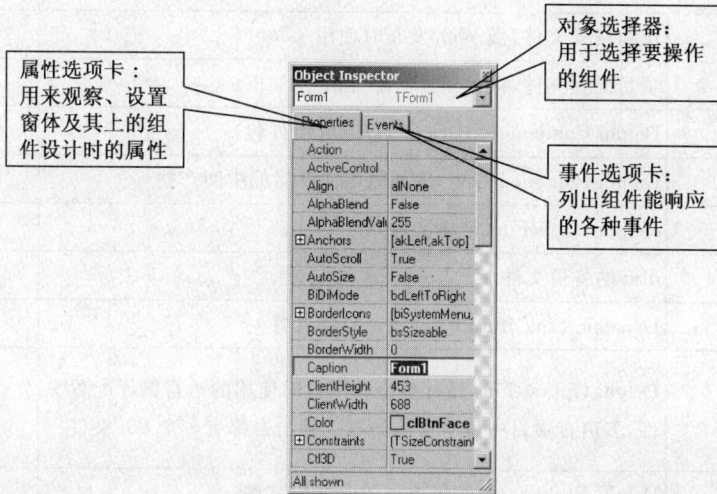

图 1-4　Delphi 对象观察器

5. 对象树视图(Object TreeView)

对象树视图除了可以显示窗体中所有的对象之外,还可以用树形结构表达组件之间的包含关系。当开发人员在 Object TreeView 窗口中选择了一个组件之后,这个组件会立刻出现在对象观察器中,开发人员可以改变这个对象的属性值和添加事件处理过程。当窗体中放置了大量的组件时,很难用鼠标直接选择对象,这时通过 Object TreeView 窗口可以很方便地选择要找的对象,并且能够看到与它相关的组件。

二、项目管理器

Delphi 用项目(Project)来管理用户开发的应用程序中的各个文件,有序的管理可以极大地提高应用程序开发的质量和速度。

大多数情况下,一个应用程序由一个项目构成,也可以由一个包括多个项目的项目组构成,甚至可以由多个项目组构成。例如,创建一个有两个项目的应用程序,其中一个用来创建应用程序所需的动态链接库,另一个则用来产生应用程序的可执行文件。

Delphi 为每个项目建立了相当数目的文件。这些文件中,一部分是在设计阶段生成的,如项目文件(.dpr)、单元文件(.pas)和窗体文件(.dfm)等。还有一部分则是在编译阶段生成的,如对象映射文件(.dsm)、编译单元文件(.dcu)等。当然,项目中还包括一些非 Delphi 生成的文件,如位图、图标、鼠标指针等资源文件,见表 1-3。

表 1-3   **Delphi 文件类型**

文件扩展名	文件类型说明	产生时间
bmp、ico、cur	位图、图标及光标图像文件	程序设计时
bgp	项目组文件,由多目标项目管理器生成	程序设计时
bpl	Borland Package Library(组件库文件)	编译链接后
cba	压缩格式文件,做 Web 发布时使用	程序设计时
cfg	项目配置文件,保存项目的配置信息	设计时
dcp	Delphi Component Package(Delphi 组件包)	编译链接时
dcu	Delphi Compiled Unit,编译原始文件后的中间产物	编译链接时
dfm	Delphi Form File(窗体文件)	程序设计时
～dfm	dfm 的备份文件	程序设计时
dll	Dynamic Link Library(动态链接库文件)	编译链接时
dof	Delphi Option File,设计多语言项目时使用的语言翻译配置文件,多语言项目中每个窗体的每一种语言都有一个 dof 文件	程序设计时
dpk	Delphi Package,软件包项目的源代码文件	程序设计时
dpr	项目文件	程序设计时
～dpr	dpr 的备份文件	程序设计时
dsk	Desktop File,保存现在 Delphi 视窗的位置、正在编辑的文件以及其他桌面的设定文件	程序设计时
lic	ocx 文件相关的授权文件	编译链接时
ocx	OLE 控件文件,是特殊的 dll 文件,可包含 ActiveX 控件或窗体	编译链接时
pas	Delphi 源代码文件	程序设计时
～pas	pas 的备份文件	程序设计时
res、rc	项目的资源文件,包含项目的图标、光标及字体等信息	程序设计时
exe	可执行文件	编译链接时
tlb	类型库文件	程序设计时

1. 项目文件

项目文件对应用至关重要,由 Delphi 自动建立,一般用户不需要修改它。项目文件是真正意义上的 Pascal 源代码文件,它描述了整个应用程序的结构及启动代码。缺省生成的项目文件的源代码如下:

```
program Project1;
uses
  Forms,
  Unit1 in 'Unit1.pas' {Form1};
```

```
   {$R *.res}
begin
   Application. Initialize;
   Application. CreateForm(TForm1, Form1);
   Application. Run;
end.
```

2. 窗体文件

窗体在设计阶段可以用来放置各种组件,在运行阶段是与用户交互的界面。

窗体中的所有信息保存在两个主名相同扩展名不同的文件中,一个是扩展名为.dfm 的窗体文件,另一个是每个窗体对应的同名单元文件。

3. 单元文件

单元文件保存了 Delphi 程序的基本模块,一般的单元文件都与一个窗体对应,包含了窗体及其组件的事件处理程序,在 Delphi 中编写的程序代码,绝大多数被保存在这种文件中,其扩展名为.pas。

缺省生成的窗体单元文件的源代码如下:

```
unit Unit1;        //单元文件的名字
interface          //接口部分的开始
uses               //引用的标准单元文件
   Windows, Messages, SysUtils, Variants, Classes, Graphics, Controls, Forms, Dialogs;


type               //类型声明
   TForm1 = class(TForm)
   private          //声明私有成员
     { Private declarations }


   public           //声明公有成员
     { Public declarations }
   end;            //结束类型声明


var                //声明变量或类的实例
   Form1: TForm1;
implementation     //程序代码实现功能部分的开始
{$R *.dfm}         //通过编译指令$R链接窗体文件
end.               //实现部分结束
```

三、项目管理器窗口

使用项目管理器窗口可以了解项目的构成,以及方便地对项目进行管理。

选择 View 菜单的 Project Manager 命令,可以打开项目管理器窗口——Project Manager 窗口,如图 1-5 所示,它用来管理当前项目的组成文件。在项目管理器窗口中列出了当前项目的各个单元文件和窗体文件,用户可以对它们进行操作。

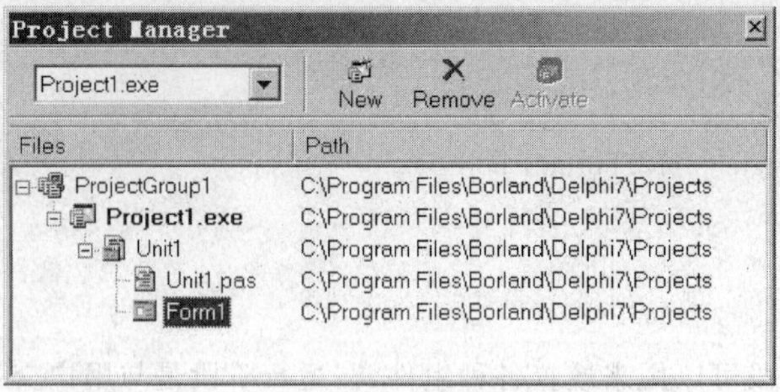

图 1-5　Delphi 项目管理器窗口

项目管理器窗口由标题栏、工具栏、项目显示窗口和状态栏四部分组成。

1. 标题栏

标题栏列出了项目管理器的英文名称"Project Manager"。

2. 工具栏

工具栏中包含一个"Project Selector"下拉列表框(从项目中选择需管理的项目)以及 3 个快捷按钮:"New"按钮(新增项目),"Remove"按钮(从项目中删除选中的项目)和 "Activate"按钮(激活项目)。

3. 项目显示窗口

项目管理器根据项目文件中的内容,在下面显示窗口列出了组成项目的所有窗体文件和单元文件(Files 列)以及它们的路径(Path 列)。

注意:项目管理器只列出 Delphi 自己添加的文件,用户手动添加的文件在项目管理器中得不到反映。

4. 状态栏

状态栏一般缺省为不可见,如果要显示状态栏,可以在窗口中单击右键,打开快捷菜单,从中选取 Status Bar 命令。状态栏显示的是项目显示窗口中当前文件的完整路径。

下面介绍如何用项目管理器来进行项目管理。项目管理器的主要作用是往应用程序中新增项目或项目组,以及从应用程序中删除项目或项目组。另外,利用项目管理器还可以激活项目组中的某个项目为当前项目。如果要往应用程序中新增项目或项目组,执行如下操作:

(1)单击工具栏上的"New"按钮,打开 New Items 对话框,并选择 New 选项卡,如图 1-6 所示。

(2)执行如下操作之一:

· 如果要新增项目,单击"Application"图标。

· 如果要新增项目组,单击"Project Group"图标。

(3)单击"OK"按钮。

如果要从应用程序中删除项目或项目组,在项目管理器中选定要删除的项目或项目组,然后单击工具栏上的"Remove"按钮即可。

对于有多个项目或项目组的应用程序而言,经常需要使用激活功能。例如,应用程序包括 Project1、Project2 两个项目,如果当前项目为 Project2,却想编辑 Project1,此时

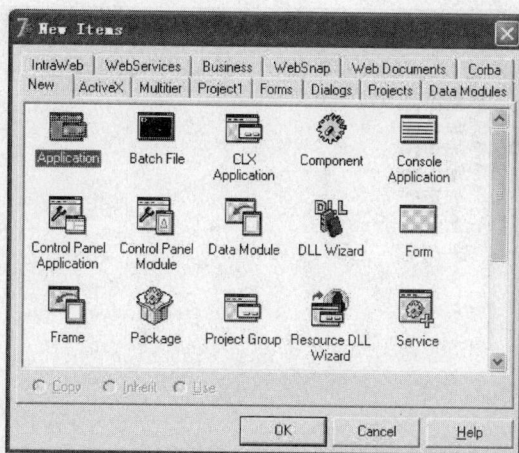

图 1-6　New Items 对话框

就得激活 Project1。方法是选定 Project1 后单击"Activate"按钮。

四、项目管理

前面介绍了如何利用项目管理器新增或删除项目及项目组以及激活项目,下面介绍如何往某个项目中增加、删除文件,以及如何保持项目中的文件。

1. 给项目添加文件

给项目添加文件可分为两种情况:第一种情况是往项目中添加新的窗体或单元文件,第二种情况是往项目中添加已经存在的文件。

对于第一种情况,往项目中添加新的窗体或单元文件,可以单击 File 菜单中的 New 级联菜单下的 Form 命令或 Unit 命令,也可以直接单击工具栏中的"New Form"按钮。

往项目中新添窗体或单元文件后,Delphi 会自动修改项目文件中的 uses 语句,将新添加的窗体或单元文件加进来。

对于第二种情况,往项目中添加已经存在的文件,可以执行如下操作:

(1)单击 Project 菜单中的 Add to Project 命令,或单击工具栏上 Add file to project 按钮,打开 Add to Project 对话框,如图 1-7 所示。

(2)选择所需的文件,例如:选择单元文件 Unit2. pas。

(3)单击"打开"按钮。

这样,就将选定文件添加到当前项目中,此时 Delphi 并没有把该文件移动到项目文件所在的目录中,也没有将该文件复制到项目文件所在的目录中,只是在项目文件的uses语句中声明了所增加的文件的名称及其目录。这样,编译项目时,就能链接到该文件。

2. 从项目中删除文件

从项目中删除文件后,Delphi 并没有将文件从硬盘上删除,只是修改了项目文件中的 uses 语句,将要删除的文件从该语句中去掉而已。如果要从项目中删除文件,可执行如下操作:

(1)单击 Project 菜单中的 Remove from Project 命令,或单击工具栏上 Remove file

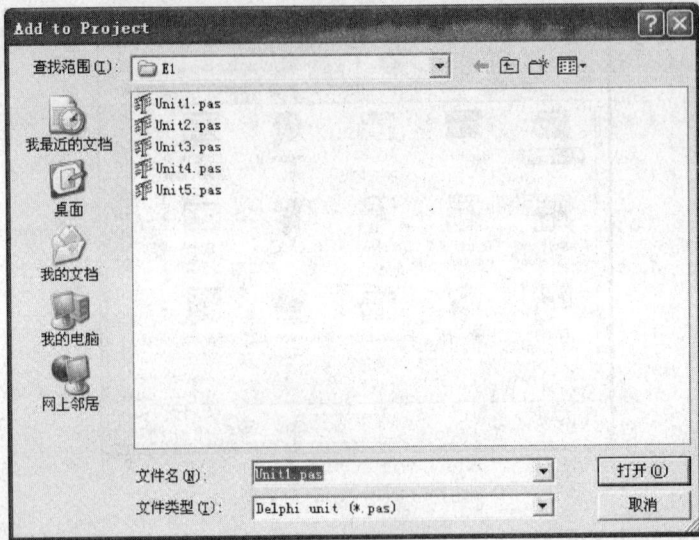

图 1-7　Add to Project 对话框

from project 按钮,打开 Remove From Project 对话框,如图 1-8 所示。

(2)选择要删除的文件。

(3)单击"OK"按钮。

另外,可利用项目管理器从项目中删除文件。在项目管理器中,鼠标右键单击要删除的单元文件,将打开一个快捷菜单,从中选择 Remove From Project 命令即可,如图 1-9 所示。

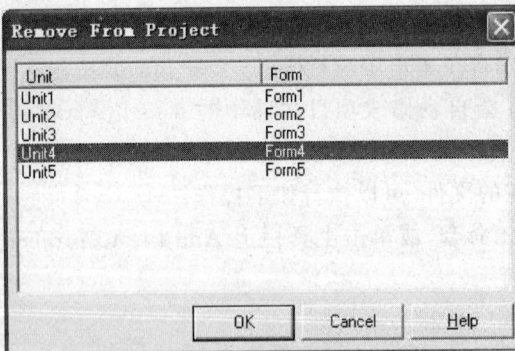

图 1-8　Remove From Project 对话框

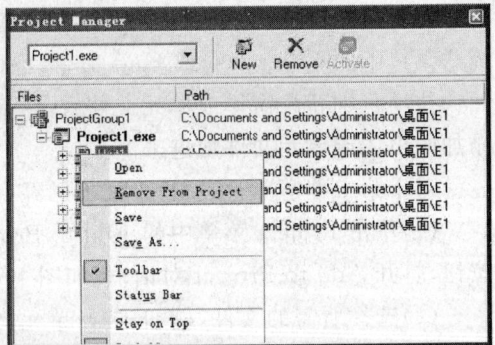

图 1-9　利用项目管理器删除文件

3.查看文件

如果要查看项目中的某窗体或文件的源代码,根据需要,可以采取如下方法:

• 如果要查看某个单元文件的源代码,可以单击 View 菜单的 Units 命令或工具栏中的"View Unit"按钮,打开 View Unit 对话框,如图 1-10 所示。然后从列表框中选择要查看的单元文件,再单击"OK"按钮。

• 如果要查看某个窗体,可以单击 View 菜单的 Forms 命令或工具栏中的"View Form"按钮,打开 View Form 对话框,如图 1-11 所示。然后从列表框中选择要查看的窗体，再单击"OK"按钮。

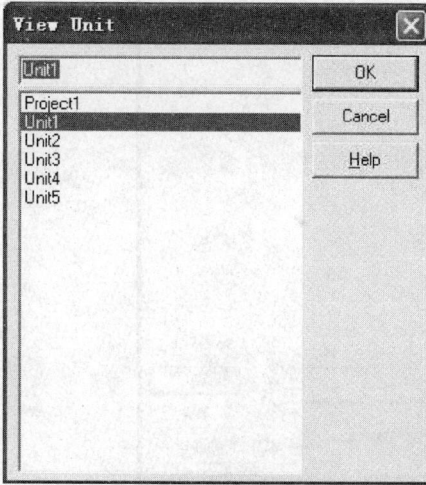

图 1-10   View Unit 对话框   图 1-11   View Form 对话框

·打开项目管理器窗口，鼠标右键单击要查看的窗体或单元文件，将打开一个快捷菜单，从中选择 Open 命令，即可查看选定的窗体或选定单元文件的源代码。

如果当前窗口为窗体窗口或窗体对应的单元文件源代码，而用户正好想查看窗体对应的单元文件或单元文件对应的窗体，可单击 View 菜单的 Toggle Form/Unit 命令，或直接在工具栏上单击"Toggle Form/Unit"按钮。

4.保存项目及其文件

Delphi 提供了许多保存命令，用户可以根据需要来选择使用。

·如果要保存当前文件，单击 File 菜单中的 Save 命令，或单击工具栏上 Save 按钮。如果该文件是新文件，Delphi 将打开一个 Save Unit1 As 对话框，提示用户输入新文件名，如图 1-12 所示。

·如果要将当前文件以新文件名存储，单击 File 菜单中的 Save As 命令，打开一个 Save As 对话框，然后输入新文件名，单击"保存"按钮即可。

·如果要保存项目中所有文件，单击 File 菜单中的 Save All 命令，或单击工具栏中 Save All 按钮。如果项目中有新文件，设文件名为 Unit3，则 Delphi 将打开一个 Save U-nit3 As 对话框，提示用户输入新文件名。

·如果要将当前项目以新名称存储，单击 File 菜单中的 Save Project As 命令，打开一个 Save Project As 对话框，然后输入新项目名，单击"保存"按钮即可。

五、项目编译和运行

运行应用程序前，首先得对应用程序进行编译。Delphi 提供了多种编译方式，供用户在不同情况下选用。

1.编译链接

单击 Project 菜单的 Compile 项目名命令，将编译当前项目自上一次编译以来修改

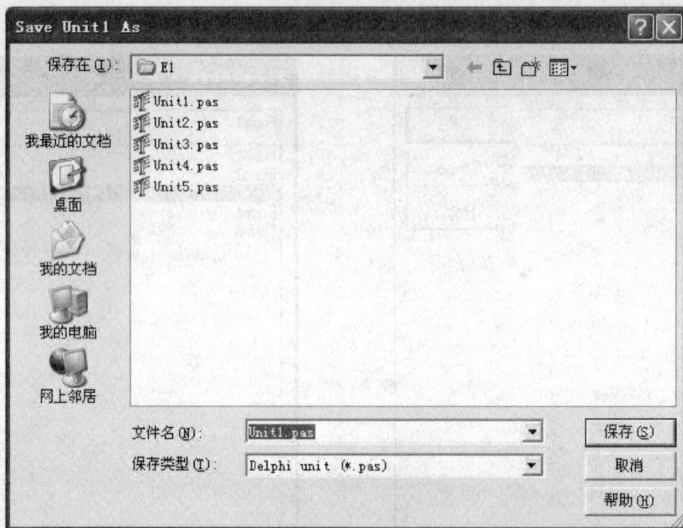

图 1-12 Save As 对话框

过的文件,并将项目中所有文件链接成可执行文件,该命令的热键为 Ctrl+F9。

项目的编译过程:Delphi 首先将项目中各单元文件编译成以".dcu"为扩展名的编译单元文件,然后开始编译项目文件,最后将编译好的文件链接成可执行文件。

如果用户想了解 Delphi 编译过程中的信息,可以执行如下操作:

(1)单击 Tools 菜单的 Environment Options 命令,打开 Environment Options 对话框,并选择 Preferences 选项卡。

(2)在 Compiling and running 选项组中选择 Show compiler progress 复选框,如图 1-13 所示。

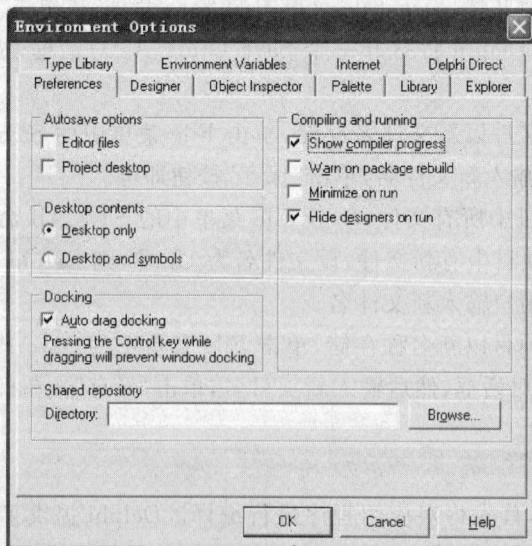

图 1-13 Environment Options 对话框

(3)单击"OK"按钮。

这样,每次用户编译项目时,就会出现一个 Compiling 对话框,显示项目的编译过程,如图 1-14 所示。

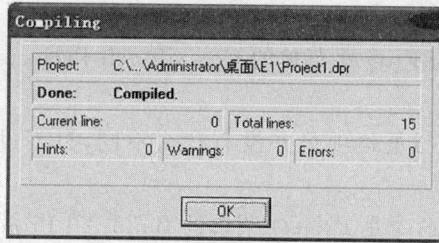

图 1-14   Compiling 对话框

2.重建项目

重建项目的意思是指重新编译项目中所有的文件,包括单元文件和项目文件,并重新建立生成可执行文件所需的一系列文件。当用户不能确定是否有文件被遗漏编译,或想更新编译单元文件(.dcu)和可执行文件(.exe)时,可采取这一种编译模式。

如果要重建项目,选择 Project 菜单中的 Build 项目名命令即可。

3.只编译文件

所谓只编译文件,是指只对项目中的文件进行编译,而不链接它们。这种编译模式通常用于检查文件中的语法错误。

如果只编译文件,可选择 Project 菜单中的 Syntax check 项目名命令。

4.查看编译信息

编译完当前项目后,还可以单击 Project 菜单中的 Information for 项目名命令,打开 Information 对话框,来查看编译后的信息,如图 1-15 所示。消息框中提供的信息见表 1-4。

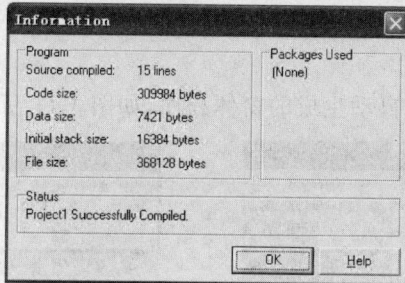

图 1-15   Information 对话框

表 1-4   "Information"消息框信息

Source compiled	被编译的源代码总数
Code size	编译后的可执行代码大小
Data size	存储全局变量所需的内存大小
Initial stack size	存储局部变量所需的内存大小
File size	编译输出文件的大小
"Status"栏	显示上一次编译是否成功

5.编译所有项目

对于有多个项目或项目组的应用程序,经常一次编译并链接所有项目,从而一次性生成所有的可执行文件。

要编译所有项目,单击 Project 菜单的 Compile All Projects 命令即可。

6.重建所有项目

重建所有项目本质上与重建项目并没有什么不同,只不过是针对多个项目操作而已。

重建所有项目使用的命令是 Project 菜单的 Build All Projects 命令。

7.运行

若程序没有语法错误,编译后可直接在 Delphi 集成环境中运行,运行方法是使用 Run 菜单的 Run 命令,或单击工具栏中的 Run 按钮,或直接按 F9 功能键。

项目三　Delphi 7 程序设计过程

(建议:2 课时)

【任务一】

编写一个控制台程序,显示"Hello,World!"。运行时显示的界面如图 1-16 所示。

图 1-16　任务一的显示界面

◎ 操作步骤

(1)启动 Delphi 7,关闭自动生成的窗体程序,如图 1-17 所示。

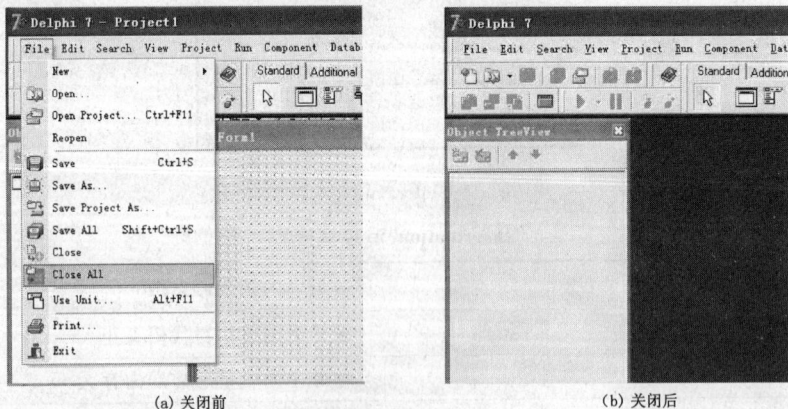

(a) 关闭前　　　　　　　　　　(b) 关闭后

图 1-17　关闭程序

(2)选择菜单"File"→"New"→"Other…"在弹出的对话框中选择 Console Application,如图 1-18 所示。

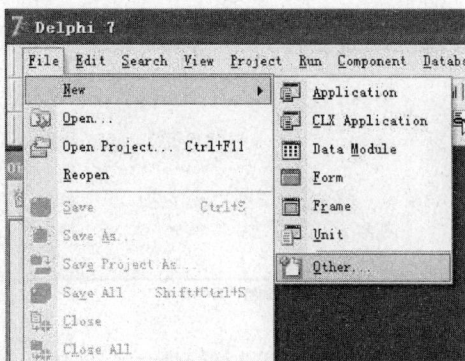

(a) 选择菜单中的选项　　　　　　　(b)"新建项目"对话框

图 1-18　新建控制台程序

（3）在代码编辑器中编写代码，如图 1-19 所示。

图 1-19　代码示例

（4）Ctrl＋F9 编译代码，没有错误后按 F9 运行程序。

【任务二】

编写一个窗体应用程序，在窗体中显示"Hello，World!"，当点击其中的按钮时可以交替显示和隐藏"Hello，World!"。运行时显示的界面如图 1-20 所示。

图 1-20　任务二的显示界面

◎ 操作步骤

（1）启动 Delphi 7。

（2）新建应用程序。

（3）在组件面板上单击 TLabel 组件按钮和 TButton 组件按钮，定制窗体，如图 1-21（a）所示（图中圆圈圈起来的部分）。

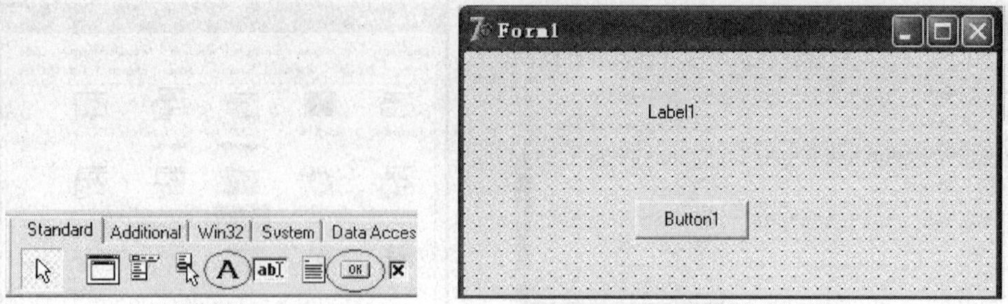

(a) 组件图标

(b) 添加组件后的窗体

图 1-21　选择组件

①修改 Label1 的 Caption 属性的"Hello，World!"，如图 1-22(a)所示。具体的属性设置见表 1-5。

表 1-5 标签组件的属性设置

属性	属性值	说明
Alignment	taCenter	设置标签上显示的文字水平居中
AutoSize	False	使标签不根据 Caption 的长度自动改变宽度
Caption	Hello，World!	在标签上显示的字符串
Font	字体：Arial，大小：36	设置标签显示的文字效果
Name	Label1	为标签对象指定名称，便于在程序中调用

②修改 Form1 的 Caption 属性为"Hello"，如图 1-22(b)所示。

③修改 Button1 的 Caption 属性为"显示／隐藏"，如图 1-22(c)所示。

图 1-22　设置组件属性

(4)编写代码。

双击窗体中的 Button1，进入 TForm1.Button1Click，开始编写代码。

```
procedure TForm1.Button1Click(Sender：TObject)；
begin
    Label1.Visible：= not Label1.Visible；
end；
```

(5)运行程序。

Delphi 的快捷键见表 1-6。

表 1-6　　　　　　　　　　　　　　　　　Delphi 快捷键

分类	快捷键	解释	备注
组件设计类	Escape	选择当前组件容器	
	Shift + Click	选择多个组件;选择窗体	
	Tab	选择下一个组件	
	Shift + Tab	选择上一个组件	
	方向键	选择此方向的下一个组件	
	Ctrl +方向键	将所选组件的位置移动 1 个栅格	
	Shift +方向键	将所选组件的大小改变 1 个像素	
	Ctrl + Shift +方向键	将所选组件的位置移动 1 个栅格	
	Del	删除所选组件	
	Ctrl +鼠标拖动	选择一个容器内的多个组件	可以一起修改共同属性
	Tab(在 Object Inspector 中使用)	搜索属性或事件	
代码编辑类	F1；Ctrl + F1	光标所在单词的帮助	
	Ctrl + Shift + Enter	光标所在单词的参考	
	Ctrl + Click(标识符)	寻找标识符的声明处	可配合工具条的"后退/前进"
	Ctrl + A	全选	
	Ctrl + C	复制	
	Ctrl + X	剪切	
	Ctrl + V	粘贴	
	Ctrl + S	保存	
	Ctrl + F	查找	
	F3；Ctrl + L	继续查找	
	Ctrl + R	替换	
	Ctrl + E	高级查找	
	Ctrl + Shift + F	查找文件	
	Ctrl + Z	取消上一步操作	
	Del	删除选中的代码	
	Ctrl + Home	到开始	
	Ctrl + End	到结束	
	Ctrl + ←	按词左移	
	Ctrl + →	按词右移	
	Ctrl + ↑	窗口上滚	
	Ctrl + ↓	窗口下滚	
	Ctrl + PgUp	到本屏首行	
	Ctrl + PgDn	到本屏尾行	
	Alt + G；Ctrl + O + G	到指定行	
	Ctrl + Shift + 0..9；Ctrl + K + 0..9	设置(或取消)书签	
	Ctrl + 0..9；Ctrl + Q + 0..9	跳到书签	
	Ctrl +空格	输入提示	
	Ctrl + J	代码模版	

分类	快捷键	解释	备注
	Ctrl + Shift + J	(选定后)进入同步编辑模式	
	Ctrl + Shift +空格	重新提示参数列表	
	Ctrl + K + T	选定光标前的单词	
	Ctrl + N	插入新行	和 Enter 的区别是光标位置不变
	Shift +方向键/Home/End/PgUp/PgDn	扩选	
	Shift + Alt + 方向键/Home/End/PgUp/PgDn	区域选择	
	Shift + Alt + PgUp/PgDn	区域选择	
	Ctrl + Shift + Alt + PgUp/PgDn	区域选择	
	Ctrl + Shift + PgUp/PgDn	区域选择	
	Ctrl + Shift +水平方向键	按单词扩选	
	Ctrl + O + C	变换选区	
	Ctrl + O + I	变换选区	
	Ctrl + O + L	变换选区	
	Ctrl + O + K	恢复选区的变换选区	
	Alt +左键拖动	区域选择	区域选择文字表达内容,粘贴也是区域
	Ctrl + O + L	选择当前行	
	Ctrl + Y	删除当前行	
	Ctrl + Shift + Y	删除行右边部分	
	Ctrl + T	向右删除词	
	Ctrl + BackSpace	向左删除词	
	Ctrl + K + W	将文本块写入文件	
	Ctrl + K + R	读入文本块	
	Ctrl + K + C	文本再制	
	Ctrl + K + N	代码转大写	
	Ctrl + K + O	代码转小写	
	Ctrl + K + F	代码转大写,并取消选择	
	Ctrl + K + E	代码转小写,并取消选择	
	Ctrl + O + U	改变光标后面的字母大小写	
	Ctrl + Shift + I; Ctrl + K + I	右移代码块	
	Ctrl + Shift + U; Ctrl + K + U	左移代码块	
	Ctrl + I	与 Tab 相似	
	Ctrl + M	与 Enter 相似	
	Ctrl + N	与 Enter 相似,但光标位置不变	
	Ctrl + Enter	打开光标所在单词的文件	光标在对象观察器时进入代码编辑

分类	快捷键	解释	备注
	Alt +]/[	查找本组定界符	
	Ctrl + Shift + V	把选定的字符声明为变量	
	Ctrl + Alt + ↓	光标从声明区跳到代码区	
	Ctrl + /	注释与取消注释	
	Ctrl + Shift + R	录制（开始/停止）宏	
	Ctrl + Shift + P	播放宏	
	Ctrl + Shift + T	加入 TO DO 注释	
	Alt + V + i	打开 TO DO List	
	Ctrl + Shift + C	类自动生成	可以反向
	Ctrl + Shift + ↑/↓	从接口到实现；到程序第一行	
	Ctrl + Shift + G	为接口加入新的 GUID	
	Ctrl + Alt + PgUp	第一个函数	
	Ctrl + Alt + PgDn	最后一个函数	
窗口控制类	Shift + F12	查找窗体	
	Alt + F12	窗体/窗体代码切换	
	Ctrl + F12	查找模块	
	Alt + F11	查找自定义 uses 模块	
	Ctrl + F11	打开工程	
	Ctrl + Alt + F11	打开或激活 Project manager	
	F12	代码窗口/窗体切换	
	Ctrl + Alt + F12	已打开单元的列表	
	F11	对象观察器/代码窗口/窗体切换	
	Alt + 0	窗口列表	
	Alt + PgUp/PgDn	Code/Design/History 切换	
	Ctrl + Alt + F11	工程管理器	
	Shift + Alt + F11	打开或激活 Structure	
	Ctrl + Alt + P	Tool Palette 窗口	
	Ctrl + Alt + L	Local Variables 窗口	
	Ctrl + F5；Ctrl + Alt + W	Watch List 窗口	
	Ctrl + Alt + T	Thread Status 窗口	
	Ctrl + F7	Evaluate/Modify 窗口	
	Alt + F8	Message 窗口	
	Alt + 0	Window List 窗口	
	Ctrl + B	Buffer List 窗口	
	Ctrl + Alt + B	Breakpoint List 窗口	
	Ctrl + F3；Ctrl + Alt + S	Call Stack 窗口	
	Ctrl + Alt + V	Event Log 窗口	
	Ctrl + Alt + F	FPU 窗口	调试时有效
	Ctrl + Alt + C	CPU 窗口	调试时有效
	Ctrl + Alt + M	Modules 窗口	
	Ctrl + Shift + A	Find Unit 窗口	

分类	快捷键	解释	备注
	Ctrl + Shift + F11	Project Options 窗口	
	Ctrl + Q + W	到下一个信息窗口	
	F10；Ctrl + F10	使菜单获得焦点	
	Shift + F10；Alt + F10	等同于鼠标右键	
	Ctrl + Down	在对象观察器中，下拉该窗体的组件列表	
	Alt + Down	在对象观察器中，下拉属性列表	
	Tab +输入	搜索对象观察器的属性或事件列表	
	Ctrl + Enter	在对象观察器中，切换属性值	
	Ctrl + Tab	属性/事件切换；在代码窗口中，已打开的窗口切换	
	Shift + F11	添加工程窗口	
	Ctrl + F4	关闭打开的窗口,但不关闭项目	
	Alt + F4	关闭程序	
编译类	F4	运行到光标位置	
	F5	设置/取消断点	
	F7	调试,进入子过程	
	Shift + F7	跨进程跟踪（Trace into next source line）	
	F8	调试,不进子过程（除非有断点）	
	Shift + F8	运行到过程结束处（Run until return）	
	F9	运行	
	Ctrl + F9	编译工程	
	Shift + F9；Alt + P + B	编译 DLL	
	Ctrl + Shift + F9	运行而不调试（Run without debugging）	
	Ctrl + O + O	插入编译选项	

Delphi 的编程语言

Delphi 开发应用程序的实质就是编写功能代码,而编写代码的基础是掌握 Object Pascal 语言。对象 Pascal 程序设计语言是在 Pascal 语言的基础上发展起来的,继承了 Pascal 语言语法严谨、数据结构丰富等优点,同时融入了面向对象的语法要素,成为一个完善的面向对象编程语言。Delphi 并不是一种计算机语言,而是一个基于对象 Pascal 语言的 Windows 应用程序开发工具系统。因此,要能够使用 Delphi 开发出一个完整的应用程序,必须熟悉和掌握对象 Pascal 语言的语法和使用方法。

☞**本模块学习要点**
1. 保留字和标识符
2. 常量、变量、数据类型
3. 程序语句
4. 过程与函数

▌项目一　保留字和标识符

(建议:2 课时)

一、标识符

标识符用作常量、变量、数据类型、过程、函数、单元及程序等的名称。标识符由一个或多个 ASCII 码字符序列组成,定义标识符的规则如下:

(1)标识符由字母、数字或下划线组成;

(2)标识符的第一个字符必须是字母或下划线;

(3)标识符的长度不应超过 255 个字符,超过 255 个字符只有前 255 个字符有效;

(4)不能将保留字(关键字)用作标识符;

(5)标识符不区分大、小写。

例外:组件包中的 Register 过程必须以大写字母 R 开始(因为需要与 C＋＋Builder 兼容),一些 API 函数调用参数也必须按要求大小写。

二、保留字

保留字又称为关键字,是一类在 Delphi 语言中有着特定语法含义的单词。在实际编程中不应该把任何保留字用作标识符,见表 2-1。

and	array	as	asm	begin
case	class	const	constructor	destructor
dispinterface	div	do	downto	else
end	except	exports	file	finalization
finally	for	function	goto	if
implementation	in	inherited	initialization	inline
interface	is	label	library	mod
nil	not	object	of	or
out	packed	procedure	program	property
raise	record	repeat	resourcestring	set
shl	shr	string	then	threadvar
to	try	type	unit	until
uses	var	while	with	xor

三、注释

为了使程序更加易读,通常,我们要为程序添加注释,即对程序模块、语句或命令做文字解释。运行时,这些文字不会作为命令的一部分被执行,因而不会影响原来的程序。有时,在调试的过程中,也可以用注释的方法对部分命令做暂时的"删除",以缩小调试范围。

在编写自己的 Object Pascal 程序时,要注意程序的可读性。在程序中选择合适的缩排、大小写风格,并在需要时将程序代码分行,会使得程序代码能够很容易地被自己和他人读懂。程序员一般都有这样的体验:如果不给程序加上适当的注解,一段时间后,自己也难以理清程序的流程。所以,给程序及时地加上注释是良好的编程习惯。

对象 Pascal 语言中的注释有下面三种形式:

(1)花括号"{}"注释:组合符号"{"与"}"的成对使用表示它们之间的内容为注释部分。

(2)圆括号及星号对"(*……*)"注释:组合符号"(*"与"*)"的成对使用表示它们之间的内容为注释部分。

(3)双斜杠"//"注释:符号"//"的单个使用表示所在行的该符号之后的内容为注释部分。

第一种形式较简单,使用也较为普遍;第二种形式在欧洲使用较广;第三种形式是从C++借用来的,只在 32 位版本的 Delphi 中可用,它在给一行代码加短注释时非常有用。

例外:如果在注释符"{"或"(*"后紧跟着的是一个美元符号"$",表示该句是一个编译器指令,它与普通的注释不同,通常用来对编译过程进行设置。

注意:

(1)注释符"{"与"}"、"(*"与"*)"在使用时不支持注释的嵌套,而且必须成对使用。

(2)不允许形如{…{…}…}或(*…(*…*)…*)的结构,但允许形如(*…{…}…*)的结构。

（3）对于单行和少量几行的注释使用符号"//"，对于大块注释使用"{"和"}"或"(* "和" *)"。

四、控制台程序中的屏幕输入和输出

在介绍可视化编程方法前，我们采用 read、write 来进行屏幕输入、输出。

1. 输入语句格式

read(＜变量表＞)；或 readln(＜变量表＞)；

注意：变量表里面变量与变量之间用逗号隔开。

readln 表示下一条语句将从下一行开始操作。输入时，整型或实型用空格或回车隔开，字符型之间无需分隔，一个接一个输入。

2. 输出语句格式

write(＜变量表＞)；或 writeln(＜变量表＞)；

注意：变量表里面变量与变量之间用逗号隔开。

writeln 表示从下一行开始显示。变量表中可对 real 或 integer 类型的数据限定显示宽度。如：write('a＝',a:2:0)，即指定 a 显示宽度为 2 位，小数 0 位。

【任务】

由于 Delphi 集成开发环境中的代码编辑器在显示不同类型的代码时会使用不同的颜色来加以区别，所以在编辑的过程中，只要注意文件中代码的颜色，一般就不会错误地使用注释符了，如图 2-1 所示。运行结果如图 2-2 所示。上面的注释文字"(* 字符串 1 *)"实际上位于语句"writeln('String0'＋'String1');"的内部，但是对编译结果没有影响。因为在编译的时候，编译器会忽略所有的注释。

◎ 操作步骤

在控制台程序中编写代码如下：

```
program Project2;
{ $ APPTYPE CONSOLE}          //编译器指令
uses
  SysUtils;
///////////////////////////////////////
///    本例程用来说明注释符的使用    ////
///////////////////////////////////////
begin
  { TODO −oUser −cConsoleMain : Insert code here }
  {下面的这条语句将字符串 1 和字符串 2 紧接着在屏幕上输出}
  writeln('String0'( * 字符串 1 * )
  ＋'String1');        //字符串 2
  writeln('按下回车键＜Enter＞退出。');
  readln;
end.
```

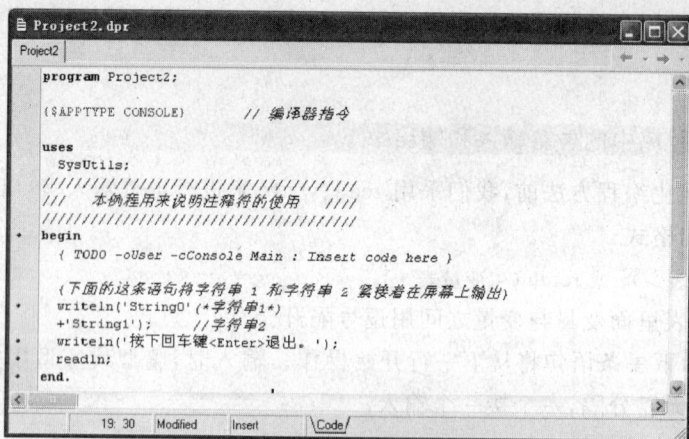

图 2-1　Delphi 编辑器窗口

图 2-2　运行结果

项目二　常量、变量和数据类型

（建议：4 课时）

一、常量

对于在程序运行期间保持不变的数据，Delphi 允许通过声明常量来调用。声明常量不必指定数据类型，但需指定常量所代表的数据的值，编译器会根据所赋初值自动选用合适的数据类型。

常量的声明格式如下：

const 常量名＝表达式；

例如：

const

　　housand = 1000；

　　Pi = 3.14159；

　　ErrMessage = '类型错误'；

　　PagesOfDelphi = 278；　　　　// 某本 Delphi 书的页数

　　ComputerRoomNum = 3；　　　// 本学期机房号码

使用常量定义的意义：减少常量值出错机会及修改程序的工作量，并提高程序的可读性。

变量用于在程序执行过程中临时存放数据,其值可以被改变。变量分全局变量和局部变量。

变量说明的一般形式为:

var

  变量名列表:类型名;

例如:

var

  iCount:integer;   //说明了一个整型变量

  bCorrect:boolean;   //说明了一个布尔型变量

  cX,cY:char;   //说明了两个字符型变量

变量的类型被指定后,只能对变量执行该变量类型支持的操作。

三、数据类型

数据类型大致可以分为简单类型、字符串类型、结构类型、指针类型、过程类型和变体类型。简单类型又分为有序类型和实数类型。

有序类型定义一个有次序的数值集合,除了它的第一个值以外,其他每个值都有一个唯一的前驱值;除了最后一个值外,其他每个值都有一个唯一的后继值。并且,每个值都有一个序数决定它在这个类型中的位置。

1. 简单类型

(1)整数类型,见表2-2。

用处:表示可数的数目,记录循环次数。

定义:var Age:integer;b,c:int64;

常量表示:普通123,十六进制 $1FE7。

表 2-2   整数范围

	有符号数	无符号数
8 位	ShortInt	Byte
16 位	SmallInt	Word
32 位	LongInt Integer(通用)	LongWord Cardinal(通用)
64 位	Int64	

一般用于表达可数的数目,比如产品的数量,参加会议的人数,循环中需要执行的循环次数。

(2)字符类型,见表2-3。

用处:表示单个字母或数字;

定义:var a:char;const b:char='x';

常量表示:'a';单引号本身的表示:''''。

表 2-3　　　　　　　　　　　　　　　　　　字符范围

类 型	名 称	字节数	取 值
AnsiChar	Ansi 字符型	1	扩展 ANSI 字符集
WideChar	宽字符型	2	UniCode 字符集
Char	字符型	1(2)	扩展 ANSI 字符集

可以使用函数 Chr() 返回一个整型数对应的字符,也可以使用函数 Ord() 返回一个字符的序数。Chr(13) 为回车(Enter 键),Chr(32) 为空格,Ord('B') 为 66,Ord(False) 为 0。

一般用于记录单个字符的场合,比如男女性别用 F,M 来区分,商店中某种商品的库存是否达到预定进货库存线可以用 Y,N 来定义,学生的课程成绩用'A','B','C','D','E' 表示。

【任务一】

将整数值为 0~127 的字符在屏幕上输出,效果如图 2-3 所示。

图 2-3　字符显示

◎ 操作步骤

在控制台程序中编写代码如下:

```
program Project2_2;
{ $ APPTYPE CONSOLE}
var i:integer;
begin
  for i:=0 to 127 do
    write(Chr(i));// 将 0~127 的整数以 ASCII 码的形式输出
  writeln;
  writeln('按下回车键<Enter>退出。');
  readln;
end.
```

一般来说,对于字母、数字或符号,用代表它们的符号来表示较好;而涉及特殊字符时用数字符号较好。下面列出了常用的特殊字符:

·　♯9 或 Chr(9):跳格(Tab 键)

·　♯10 或 Chr(10):换行

·　♯13 或 Chr(13):回车(Enter 键)

❖思考:

程序中的 Chr(i) 可以用什么替换?

（3）布尔类型，见表 2-4。

用处：表示"是"或"不是"。

定义：var a：boolean；

常量表示：True，False。

表 2-4   布尔范围

类 型	名 称	字节数	取 值
ByteBool	字节布尔型	1	0(False)或非 0(True)
WordBool	字布尔型	2	0(False)或非 0(True)
LongBool	长布尔型	4	0(False)或非 0(True)
Boolean	布尔型	1	False 或 True

布尔一般用在只有"是"或"不是"两种情况的场合，如学生的学籍是否已经注册，超市的产品是否是即期产品。

（4）枚举类型

枚举类型(Enumerated)是一种用户自定义类型，它的定义是由一组有序的标识符组成。类型的声明使用保留字 type。

```
type
    Align＝(Left,Center,Right);          //类型定义
var MyAlign：Align；                      //变量声明
```

也可以不预先用 type 定义，直接按如下方法定义枚举类型变量：

```
var MyAlign：(Left,Center,Right);
```

一般用在如下场合：某种变量的值可以确定范围，即值的几种可能性均能确定。例如：对齐方式若确定只有左对齐，居中对齐，右对齐三种，即可定义为枚举类型。

（5）子界类型

子界类型(Subrange)为某个有序类型的子集，子界类型也是一种用户自定义类型，它规定了值域的上界和下界及取值的类型。

```
type
    Age＝1..200;                          //类型定义
var MyAge：Age；                         //变量声明
```

注意：

①上界和下界必须属同一取值类型，上界序号必须大于下界序号。Age＝0.5..200是错误的；

②上、下界的类型定义了子界的基类型，1..200 的基类型为整数，$'a'..'z'$ 的基类型为字符型；

③如果子界类型的基类型是枚举类型，则应该在定义子界类型之前先定义枚举类型。

```
type
    MyFriend＝(Tom,Mary,Peter,Mike,Jack);
    MyBestFriend＝Mary..Mike;
```

其中 MyBestFriend 包含了 Mary，Peter 和 Mike。

（6）实数类型

实数类型定义了一类可以用浮点数表示的数字。

用处：表示连续量。

定义：var x,y: double;

常量表示：34.56,0.23,.23,1.2E-3。

2.字符串类型

和传统 Pascal 不同，对象 Pascal 专门提供了预定义的字符串数据类型，可以方便地表示字符串，实现对字符串存储、处理等操作。一般情况下，当我们声明一个变量为字符串类型时使用保留字 string。缺省时，String 类型就是 AnsiString 类型。

Delphi 共有三种字符串类型：

· ShortString

· AnsiString

· WideString

3.结构类型

结构类型有下面几类：集合类型（Set）、数组类型（Array）、记录类型（Record）、文件类型（File）、类类型（Class）、类引用类型（Class Reference）、接口类型（Interface）。

（1）集合类型

一个集合由集合成员组成，集合的成员元素是无序的。集合的另一个特点是无重复元素。集合操作的重点是判定一个元素是否属于该集合，而不是元素在集合的次序和出现的频率。定义集合类型的语法形式如下：

type

　　类型名称=set of 元素类型；

注意：Object Pascal 中规定了基类型只能是不超过 256 个有序值的集合，集合元素的序数值必须介于 0 和 255 之间。

【任务二】

判断以下集合的定义是否正确，并说明原因。

```
type
    TSetA = set of integer;// 错误
    TSetB = set of 255..300;// 错误
    TSetC = set of widechar;//错误
    TsetD = set of 10..50;// 正确
    TsetE = set of char;// 正确
```

集合的并、交、差运算：交（ * ）、并（＋）、差（－），运算对象是两个相同类型的集合，运算结果也是集合。如：x 为[1,3,5],y 为[3,4,5],则 x * y 为[3,5],x＋y 为[1,3,4,5],x－y 为[1]。其中，集合的交运算示意图如图 2-4 所示。

（2）数组类型

数组类型数据表示的是同种类型数据的集合。数组类型的数据是有序排列的，每个数据元素都有一个唯一的索引号。与集合类型不同的是，数组类型的数据可以重复。数组类型分为静态数组类型和动态数组类型。

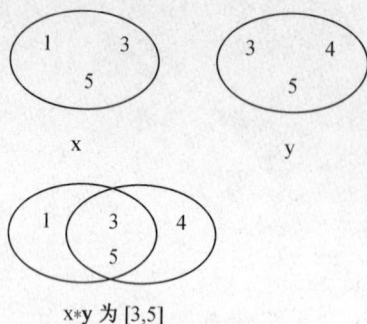

x*y 为 [3,5]

图 2-4 集合的交运算示意图

①静态数组

静态数组就是传统 Pascal 中的数组类型。在程序初始化时给静态数组分配内存空间,所以静态数组的大小必须是确定的,其元素的数据类型也必须是确定的。

定义静态数组的语法形式如下:

```
type
    数组类型名＝array[下标类型] of 基类型;//一维数组
或  数组类型名＝array[下标类型 1,…,下标类型 n] of 基类型; //多维数组
```

"数组类型名＝ array[下标类型 1,…,下标类型 n] of 基类型;"中,下标类型是有序类型,下标类型通常是以 Integer 为子界的,也可以是其他有序类型的子界;基类型声明元素的数据类型;数组由同一类型的数据元素组成。

【任务三】

定义数组类型。

```
type
    Tarr1 = array [1..10] of integer;
    Tarr2 = array [1..3,1..5] of char;
var
    a:Tarr1;// 声明变量 a 是 Tarr1 类型数组
    b:Tarr2;// 声明变量 b 是 Tarr2 类型数组
```

也可以在声明变量时直接定义数组的类型,如:var a：array [1..10] of integer;

使用数组时,经常需要编写的程序代码就是数组元素的访问,它是通过数组名后面加上方括号和下标值来访问的。如:a[1]:＝10;

【任务四】

定义如下的数组类型,做相应的计算,并最终打印出数组内容,效果如图 2-5 所示。

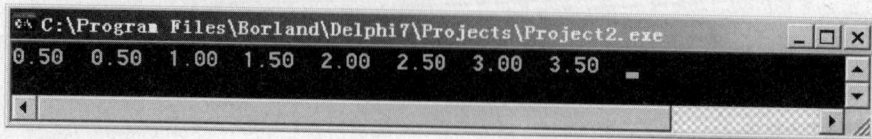

```
C:\Program Files\Borland\Delphi7\Projects\Project2.exe
0.50  0.50  1.00  1.50  2.00  2.50  3.00  3.50
```

图 2-5 数组操作

◎ 操作步骤

在控制台程序中编写代码如下:

```
var
   a:array[1..8] of real;
   i:integer;
begin
   for i:=1 to 8 do
      a[i]:=i/2;
   for i:=7 downto 1 do
      a[i+1]:=a[i];
   for i:=1 to 8 do
      write(a[i],'   ');
end.
```

❖思考：

要达到图例中的效果，应如何修改示例代码？

②动态数组

在定义时并没有确定数组的大小或长度，而是在访问之前用 SetLength 过程为数组动态或重新分配其存储空间。

定义动态数组的语法形式如下：

```
type
   数组类型名=array of 基类型;                    // 一维数组
   数组类型名=array of array of…array of 基类型;   //多维数组
var 数组类型标识符:array of baseType;
```

例如：var DynArr: array of integer;//声明 DynArr 为元素是整型的动态数组

也可以先定义类型，再声明变量，如：

```
type
   TdynIntArr = array of integer;
var
   DynArr:TdynIntArr;
```

语句"SetLength(DynIntArr,10);"为动态数组 DynIntArr 分配 10 个元素的存储空间，下标从 0 到 9(动态数组的下标总是从 0 开始)。如要释放动态数组占用的存储空间，可以将 nil 赋值给该动态数组变量，或调用 SetLength(DyIntArr,0)实现。

(3)记录类型

描述一组不同类型的数据元素集合，每个数据元素称为"域"。在定义一个记录类型时，需要指定每个数据域的数据类型。定义记录类型的语法形式如下：

```
type
   记录类型标识符 = record
      域 1：类型 1;
      域 2：类型 2;
      ……
      域 n：类型 n;
   end;
```

例如:type　TPerson = record
　　　　name : string[10];
　　　　id : string[18];
　　　　sex : boolean;
　　　　age : byte;
　　　　height, weight : real;
　　　　end;

访问记录域,可以使用"变量名.域名"的形式,如 man1.name,man1.sex,man1.age 等(其中 man1 是上述自定义的 TPerson 型变量)。

【任务五】

记录类型的定义与使用,with 语句的使用。

◎ 操作步骤

在控制台程序中编写代码如下:

```
program Project2_3;
  { $ APPTYPE CONSOLE}
type
  TDateRec=record// 记录类型的定义
    Year:integer;
    Month:(Jan,Feb,Mar,Apr,May,Jun,Aug,Sep,Oct,Nov,Dec);
    Day:1..31;
  end;

var
  Record1,Record2,Record3:TDateRec;// 记录类型变量的声明
begin
  Record1.Year:=1975;// 给记录中的域赋值
  Record1.Month:=Sep;
  Record1.Day:=13;
  with Record2 do// 使用 with 语句可以简化代码的输入
  begin
    Year:=1973;// 相当于 Record2.Year:=1973
    Month:=Jul;
    Day:=21;
  end;
  Record3:=Record1;// 对记录进行复制
end;
```

(4)文件类型

```
type
  文件类型名=file of 元素类型;
```

元素类型可以是整数、实数等简单类型,也可以是记录类型这样的复杂类型,例如:

```
type
    Tstudent=record
        Name:string[8];
        Age:byte;
    end;
    StudentFile:file of Tstudent;
```

如果元素类型被忽略，则是无类型文件，直接用底层的 IO 函数打开文件，并把它当作二进制文件处理。

TextFile 是预定义的类型，表示一个文本文件。

(5)指针类型

指针类型(Pointer)的变量指向的是内存空间的地址。通常我们真正关心的是地址中存放的数据，通过指针可以对所指地址中的数据进行操作。

定义指针类型的语法形式如下：

```
type
    指针类型名=^类型;
```

其中，指针类型名为任意合法的标识符。"^"放在类型的前面，表明声明的类型为一个指针类型。"^"后面紧跟的类型确定了指针所指向的类型，可以是简单类型，如整型、实型或枚举型等，也可以是结构类型，如数组、集合或记录等。

一旦定义了指针变量，就可以用@符号把另一个相同类型变量的地址赋给它。

【任务六】

练习指针的定义和使用，运行结果如图 2-6 所示。

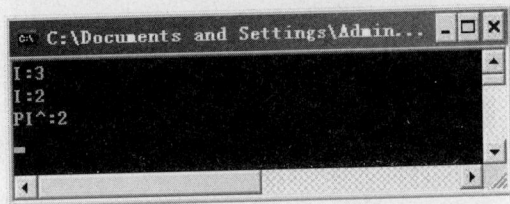

图 2-6 指针的定义和使用

◎ 操作步骤

在控制台程序中编写代码如下：

```
program Project2_4;
{ $ APPTYPE CONSOLE}
uses
    SysUtils;
type
    pinteger=^integer;          //定义指针类型
var
    Y:shortint;                 //短整型
    I:integer;                  //整型
    PI:pinteger;                //整型指针
```

```
      P:pointer;                        //无类型指针
   begin
     Y:=2;
     I:=3;
     PI:=@I;                            //利用整型指针指向整型数据
     writeln('I:',PI^);            //显示输出
     P:=@Y;                              //利用无类型指针指向短整型数据
     I:=Integer(P^);              //将无类型指针指向的内容赋给另一个变量
     //下一个语句错误(不可以直接赋值给变量),屏蔽
     // I:=P^;
     writeln('I:',I);
     PI:=P;                             // 指针之间进行赋值
     writeln('PI^:',PI^);
     readln;
   end.
```

说明:

将@运算符放在变量的前面,将获取变量的地址,并可以把地址赋值给同样数据类型的指针。把^运算符放在一个数据类型的前面,则可以定义该类型的一个指针;如果放在一个指针的后面,则获取该指针指向的地址空间的内容。

如果定义了一个指针 P,那么 P 表示指针所指向的内存地址,而 P^ 表示内存所存储的内容。因此,在上面的代码中,P^ 与 Y 相等。

可以将上面定义 PI 的过程合成为一步:PI:^integer;

上面还定义了一个无类型的指针 P,它可以指向任何类型的数据,但在使用时要注意进行类型转换,不可以将所指地址中的内容直接赋给其他类型的变量,否则会有编译错误:Incompatible types:'Integer' and 'procedure, untyped pointer or untyped parameter'

(6)可变类型

它是指可以在程序运行期间确定或改变的数据类型。这些数据在编译期间不能确定其数据类型,而且,它们比固定类型的数据占用更多的存储空间和更多的操作时间。

默认的情况下,可变类型可以是除了记录类型、集合类型、静态数组类型、文件类型、类类型和指针类型之外的任何类型,也就是说,可变类型可以是除了结构类型和指针类型之外的任何类型。

```
var
   变量名:variant;
```

例如:

```
var
   v1,v2,v3,v4: variant;
begin
   v1:=1;// 整型值
   v2:=123456;// 实型值
```

```
    v3:='Hello';// 字符串值
    v4:=v1+v2+100;// 实型值 1335.56
end;
```

四、运算符与表达式

1.运算符

算术运算符(＋、－、＊、/、div、mod)

关系运算符(＝、<>、>、>＝、<、<＝)

位运算符(not、and、or、xor、shl、shr)

逻辑运算符(not、and、or、xor)

(1)整型

①算术运算符:＋、－、＊、div(整除)、mod(取模)

若进行算术运算的两个数都是整型数,则运算结果也是整型。

②关系运算符:＝、<>、>＝、>、<＝、<

关系运算的结果是布尔型,即取 True 或 False。

例如:5＝5 的值为 True;5<>5 的值为 False。

③正、负号运算符:＋、－

与加、减运算不同,此为单目运算。例如:－a,求运算元的负值。

④整型数的逻辑运算符:not(非)、and(与)、or(或)、xor(异或)

整数转换为二进制数后逐位进行逻辑运算。其中 not 是单目运算符。

⑤左、右移位运算符:shl、shr

shl 运算符的运算格式为 A shl n,表示将整型数 A 的各位向左移 n 位,高位溢出,低位补 0;shr 运算符的运算格式为 A shr n,表示将整型数 A 的各位向右移 n 位,低位溢出,高位补 0。

(2)字符型

Object Pascal 语言允许用＝、<>、>、>＝、<、<＝六个关系运算符对字符型数据进行运算操作。用字符序号的大小关系来定义相应字符的大小关系。因此,所有的字符都可以进行比较(即关系运算)。

'A'<'B'// 结果为 True

'b'<'a'// 结果为 False

'1'<'2'// 结果为 True

(3)布尔型

①六种关系运算操作同样适用于布尔型数据,运算结果仍是布尔型。例如:

False＝True// 结果为 False

True>False// 结果为 True

②逻辑运算符:not、and、or、xor。

(4)实数

①算术运算符:＋、－、＊、/

在使用这几个运算符时,只要有一个运算对象是实型,则运算结果也是实型。其中,

"/"称为实数除,即使两个整数相除,其结果也是实型。

②关系运算符:=、<>、>=、>、<=、<

均适用于实型,它们的运算对象也可以一个是实型,另一个是整型,结果仍是实型。

③正、负号运算符:+、-

与加、减运算不同,此为单目运算。例如:-a,求运算元的负值。

注意:对于数值相近的实型数据进行">"与"<"运算时应谨慎,因为实型类型的表示是近似值,相近的实数的存储表示可能是一样的。可采用差的绝对值与一任意小的数比较。

例如:X＝Y运算应当写成 Abs(X-Y)<1e-6;而 X<>Y 运算应写成 Abs(X-Y)>1e-6。

(5)集合

①集合的并、交、差运算

集合运算有交(＊)、并(＋)、差(-),运算对象是两个相同类型的集合,运算结果也是集合。

例如:x 为[1,3,5],y 为[3,4,5],则 x＊y 为[3,5],x+y 为[1,3,4,5],x-y 为[1]。

②集合的关系运算

·运算符＝、<>用于判断两个集合相同或不相同。例如:表达式 [1,3,5]＝[3,1,5] 的值为 True。

·>＝(包含)、<＝(包含于)。例如:表达式 [1,3] >＝ [3] 的值为 True。

·属于运算 in。例如:表达式 3 in [3,5] 的值为 True。

(6)字符串

访问字符串就像访问数组一样,例如:str 是字符串变量,i 是整型,则 str[i]表示该字符串的第 i 个字符,如图 2-7 所示。

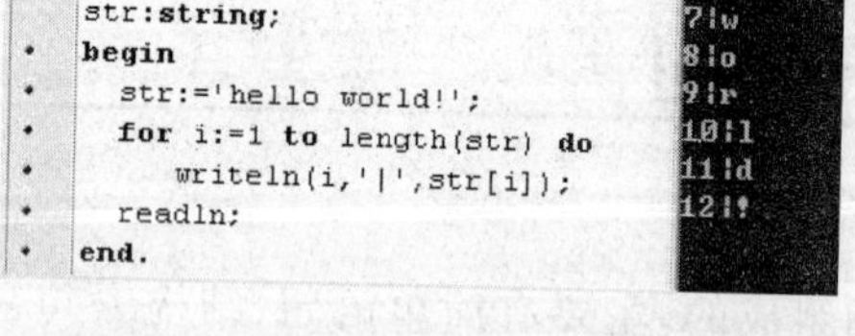

图 2-7 字符串的访问

①字符串合并运算符:＋

合并两个字符串,操作数可以是字符串、字符、压缩字符串,即把两个字符串连接为一个字符串,例如:s＋'a'、s＋'#abc#'(s 为字符串型变量)。

②六种关系运算符:>、>＝、<、<＝、＝、<>

字符串的比较是对两个串的字符逐个比较直到其中一个串结束或遇到不同的字符

为止。例如：Integer('a')=97，Integer('A')=65，Integer('0')=48，则'ab'>'aab'，'a'>'9z'，'abc'<'abc0'。

2.运算符的优先级

运算符的优先级（从高到低排列），见表2-5。

表 2-5   运算符的优先级

优先级	运算符
第一级（最高）	单目运算（ + — not @）
第二级	乘除运算（ * / div mod and shl shr as）
第三级	加减运算（ + — or xor）
第四级	关系运算（ = <> > >= < <= in is）

尽管各种运算符的优先级比较明确，但具体编程时并不需要记住所有运算符的优先级顺序。常见的运算符优先级顺序比较好记，如乘除的优先级比加减的优先级高。在优先级顺序不太明显的地方，可以多加一些小括号以明确表达式的结合次序。

复杂表达式中的同一括号层内，各运算的先后次序取决于运算符的优先级。

3.表达式

表达式是由运算符、运算对象和分隔符组成的序列，它指明了一个运算。表达式中的运算对象可以是另外一个表达式。

最简单的表达式是变量和常量，更复杂的表达式则是将简单表达式通过运算符、函数调用、强制类型转换结合在一起而构成的，下面的例子都是合法的表达式：

```
X                //变量,值为变量的值
15               //常量,值为常量本身
Calc(x,y)        //函数调用,值为函数运算的结果
X * Y            //算术运算,值为两个变量值的乘积
X=1.5            //逻辑表达式,如果变量 X 的值为 1.5,则值为 True,否则为 False
C in Range1      //逻辑表达式,如果 C 的值在 Range1 集合内,值为 True,否则为 False
['a','b']        //集合,值为集合本身
Chr(65)          //强制类型转换,值为字符'A'
```

项目三　程序语句

（建议:6 课时）

程序是由一系列语句组成的，主要有简单语句、结构语句、条件语句、循环语句和转向语句等。

一、简单语句

1. 赋值语句

赋值语句的一般格式为：

　　<变量> := <表达式>;

其中符号"：＝"是赋值运算符,它表示将运算符右侧表达式运算的结果存入左侧变量相对应的存储单元中,作为左侧变量的当前值。

例如：

Y：＝0.5；	//将一个常量赋给一个变量
Done：＝(i＞＝1) and (i＜100)；	//将逻辑表达式的结果赋给一个变量
Huel：＝[Blue,Succ(C)]；	//将一个子集赋给一个变量
I：＝Sqr(J)－I＊K；	//将一个表达式的结果赋给一个变量
Shortint(MyChar)：＝122；	//给类型转换后的变量赋值
MyString[I]：＝'A'；	//给数组的一个元素赋值
TmyObject. SomeProperty：＝True；	//给对象的属性赋值

(1)赋值运算符"：＝"和符号"＝"具有完全不同的含义,注意不要混淆。

(2)赋值运算符的左侧可以是变量标识符、对象的属性标识符、函数标识符等,不允许是常量或表达式。

(3)赋值运算符右侧表达式运算结果的类型必须与左侧变量的数据类型相同或相容。

2. 输入/输出语句

(1)read 和 readln 语句(过程)

read 过程用于从外部设备(如键盘)或打开的文件中顺序读入数据,并将这些数据依次赋值给变量列表中相应的变量。readln 过程与 read 过程的不同在于,前者读入数据后自动读取换行符。二者语法形式如下：

read([文件变量,]变量列表)；

readln([文本文件变量,]变量列表)；

省略文件变量参数,则表示从键盘输入中读取数据。

(2)write 和 writeln 语句(过程)

与输入语句类似,也存在两种形式的输出语句：

write([文件变量,]输出项表)；

writeln([文本文件变量,]输出项表)；

输出项可以是常量、变量、函数、字符串或表达式。如果输出项是常量,则语句直接输出常量的值；如果输出项是变量,则输出该变量所对应存储单元的数据内容；如果输出项是字符串,则直接输出字符串；如果输出项是表达式,则首先对表达式进行计算,然后输出表达式的运算结果。writeln 与 write 的不同在于,前者输出"输出项表"后自动输出换行符。

另外,PutChar(ch：shortint)和 GetChar()函数可用于输出字符和输入字符。

【任务一】

从键盘输入整数、实数、字符串,并打印到控制台,效果如图 2-8 所示。

◎ 操作步骤

在控制台程序中编写代码如下：

图 2-8　输入、输出演示

```
program Project1;
{ $ APPTYPE CONSOLE}
uses
  SysUtils;
var
  i:integer;
  f:real;
  str:string;
begin
  write('请输入一个整数后回车');
  readln(i);
  writeln('您输入的整数是:',i);
  writeln('————————————分割线 ————————————');
  write('请输入一个实数后回车');
  readln(f);
  writeln('您输入的实数是:',f:4:2);
  writeln('————————————分割线 ————————————');
  write('请输入一个字符串后回车');
  readln(str);
  writeln('您输入的字符串是:',str);
  readln;
end.
```

❖思考:

如何将输入的两个整数 i,j 相加后,输出 i+j 的总和?

二、结构语句

1. 复合语句

复合语句是指把若干条语句用 begin 和 end 括起来的语句块。在语法上把语句块看成是一条语句。当在循环语句结构,如 if 语句结构中,需要执行多条语句时,可用 begin 和 end 括起来作为复合语句。

例如:

```
begin
  i:=5;
```

```
    j:=i*2+1;
    str:='测试一下';
end;
```

2. with 语句

with 语句是一种简写方式,用来引用一个记录的字段,或一个对象的字段、属性和方法。

例如:

```
with label1 do
begin       //Label1 是一个 TLabel 组件的对象,常用作显示标签
  Width:=50;                //将 Label1 的 Width 属性设为 50
  Caption:='Red';           //将 Label1 的 Caption 属性设为'Red'。
  Font.Color:=clRed;        //将 Label1 的 Font.Color 属性设为 clRed。
end;
```

以上代码等同于

```
Label1.Width:=50;
Label1.Caption:='Red';
Label1.Font.Color:= clRed;
```

三、条件语句

条件语句根据用户输入或程序运行的中间结果来确定执行哪个分支流程。Object Pascal 提供的 if 语句和 case 语句用来实现程序的分支选择。

1. if 语句

if 语句有 2 种格式:

(1)if 条件表达式 then 语句

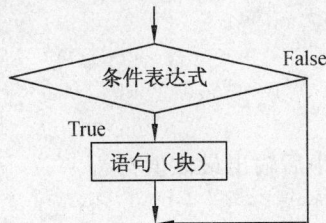

(2)if 条件表达式 then
     语句 A
   else
     语句 B;

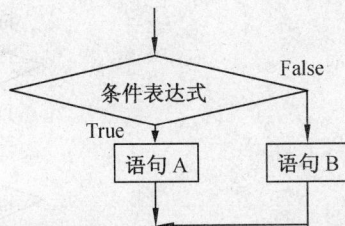

注意:在 else 之前不能加分号,因为分号是语句的分隔符,而 if…then…else 是一个完整的语句结构。

【任务二】

从键盘输入两个整数,比较大小后输出较大值,效果如图 2-9 所示。

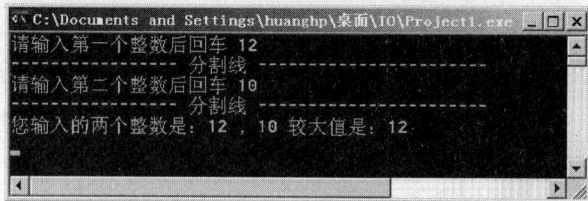

图 2-9　比较两个整数的大小

◎ 操作步骤

在控制台程序中编写代码如下:

```
var
  i,j:integer;
begin
  write('请输入第一个整数后回车 ');
  readln(i);
  writeln('——————————分割线 ————————————————');
  write('请输入第二个整数后回车 ');
  readln(j);
  writeln('——————————分割线————————————————');
  write('您输入的两个整数是:',i,' ',j,' 较大值是:');
  if (i > j) then
    writeln(i)
  else
    writeln(j);
  readln;
end.
```

❖思考:

如何在比较三个整数的大小后输出最大值?

2.case 语句

嵌套过多的 if 语句往往分不清 if 与 else 的匹配关系,影响程序的清晰度,为提高程序的可读性,对于多分支的结构宜采用 case 语句。

其语法格式如下:

```
case 选择表达式 of
  常量 1:语句 1;
  常量 2:语句 2;
  ……
  常量 n−1:语句 n−1;
  [else 语句 n;]
end;
```

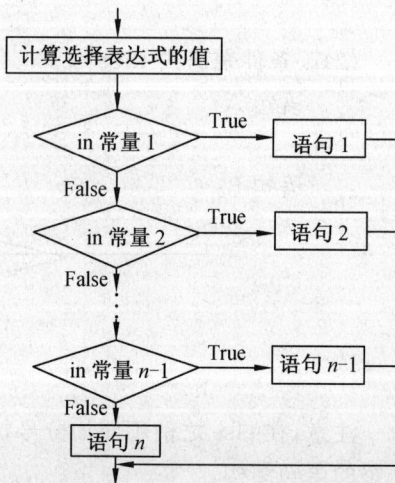

（1）保留字 case 后的选择表达式，其值必须是有序类型，如整型、字符型、布尔型、枚举型、子界型等。

（2）case 常量列表中列出的值必须是选择表达式的可能值之一，或可能取值的子集，且每种情况的常量值在 case 语句中必须是唯一的。如果是子界类型，则不允许相互覆盖。

（3）如果表达式的值在所列出的 case 常量列表中没有出现，则执行 else 后面的语句。

【任务三】

从键盘输入整数年龄，根据年龄的范围判断并输出对应的年龄归类，效果如图 2-10 所示。

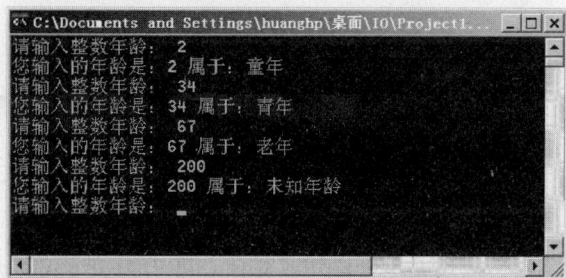

图 2-10　年龄归类

◎ 操作步骤

在控制台程序中编写代码如下：

```
var
  i:integer;
  str:string;
begin
repeat
  write('请输入整数年龄：');
  readln(i);
  write('您输入的年龄是：',i,'属于：');
  case i of
    0..6:    str:='童年';
    7..17:   str:='少年';
    18..40:  str:='青年';
    41..65:  str:='中年';
    66..150: str:='老年';
  end;
  writeln(str);
until false;
end.
```

❖思考：

如何将小于 0 或大于 150 的年龄归类为"未知年龄"？

四、循环语句

循环语句可以使一个语句块（循环体）重复执行，它是实现复杂程序流程的基础之一。Object Pascal 提供了三种循环语句：

- for 语句
- while 语句
- repeat 语句

1. for 语句

在循环次数已知或可计算的场合，用 for 语句来实现循环更为简便。for 语句分为递增型和递减型两种形式。

（1）递增型 for 语句

for 循环变量：＝初值 to 终值 do
   语句 A；

其中，语句 A 为循环体，可以是单一语句或复合语句，循环变量必须是有序数据类型。

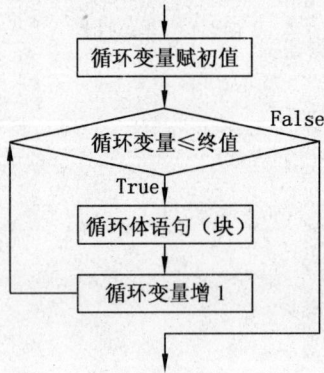

（2）递减型 for 语句

for 循环变量：＝初值 downto 终值 do
   语句 A；

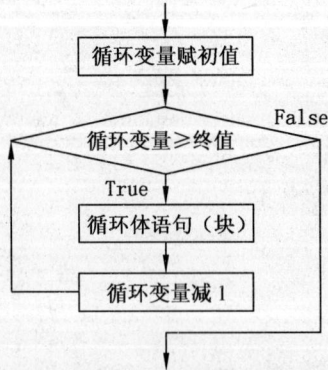

for 语句执行过程：

①先将初值赋给左边的变量(称为循环控制变量)；

②判断循环控制变量的值是否已"超过"终值，如已"超过"，则跳到步骤5；

③如果未"超过"终值，则执行 do 后面的那个语句(称为循环体)；

④控制变量返回步骤2；

⑤循环结束，执行 for 循环后面的语句。

注意：

(1)循环控制变量必须是顺序类型。例如，可以是整型、字符型等，但不能为实型。

(2)循环控制变量的值选用 to 则为递增，选用 downto 则为递减。

(3)循环控制变量的值"超过"终值，对于递增型循环来说，"超过"指大于；对于递减型循环来说，"超过"指小于。

与 C# 中 for 循环的比较举例如下：

例如：打印 1,2,3,4,5,6,7,8,9,10。

C# 写法：

```
for (int i = 1, i <= 10, i ++)
{
    Console. writeLine(i,toStirng());
}
```

Delphi 7 写法：

```
var I:integer;
for i:=1 to 10 do
    writeln(i);
```

注意：

(1)Delphi 中隐藏了 i++ 的步骤，且在循环体内不能修改 i 值。

(2)注意 to,downto 左右两边值的大小区别，例如：10 to 1 时不会执行。

【任务四】

按从大到小的顺序，输出 1~1000 之间所有能同时被 3 和 7 整除的数。效果如图 2-11 所示。

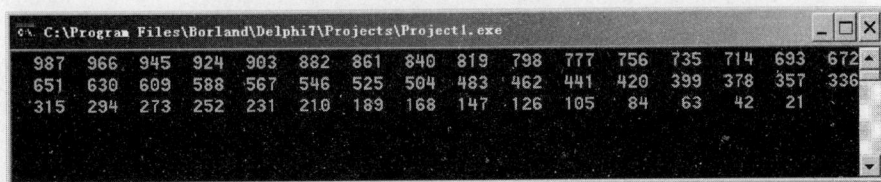

图 2-11 1~1000 之间同时被 3 和 7 整除的数

◎ 操作步骤

在控制台程序中编写代码如下：

```
var
    i:integer;
begin
    for i:=1000 downto 1 do
```

```
            if (i mod 3=0)and(i mod 7 = 0) then
                write(i:5);
        readln;
    end.
```

❖思考：

(1)如何实现从小到大输出？

(2)在循环体中修改 i 值，观察编译出错时的错误信息。

【任务五】

水仙花数的求解，求 111～999 之间的水仙花数，如 $407 = 4^3 + 0^3 + 7^3$，407 即为水仙花数。效果如图 2-12 所示。

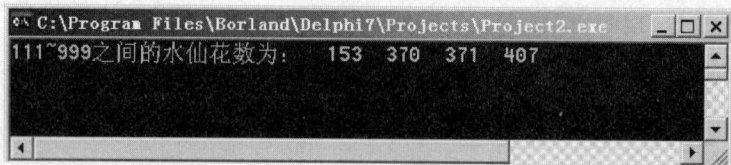

```
C:\Program Files\Borland\Delphi7\Projects\Project2.exe
111~999之间的水仙花数为：     153   370   371   407
```

图 2-12　111～999 之间的水仙花数

提示：mod 和 div 运算符的运用，power 函数的运用(uses math)。

◎ 操作步骤

在控制台程序中编写代码如下：

```
uses
    SysUtils,math;
var
    i,gewei,shiwei,baiwei:integer;
begin
    write('111~999 之间的水仙花数为：');
    for i:= 111 to 999 do
    begin
        baiwei:= i div 100;
        shiwei:=(i div 10) mod 10;
        gewei:= i mod 10;
        if power(baiwei,3) + power(shiwei,3) + power(gewei,3) =i then
        write(i:5);
    end;
    readln;
end.
```

❖思考：

使用 power 函数需要引用什么单元文件？若不用 power 函数，如何改写代码？

【任务六】

判断键盘输入的整数是否是素数。素数的概念：只能被 1 和本身整除，如 2,3,5,7。4 可以被 1,2,4 整除，所以 4 不是素数。效果如图 2-13 所示。

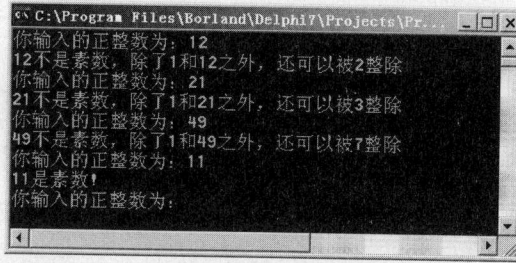

图 2-13 素数的判断

◎ 操作步骤

在控制台程序中编写代码如下：

```
var
  i,n:integer；
  isSu:boolean；
begin
repeat
  write('你输入的正整数为:')；
  readln(n)；
  isSu:= true；
  for i:= 2 to n −1 do
    if (n mod i) =0 then
    begin
      isSu:= false；
      writeln(n,'不是素数,除了 1 和',n,'之外,还可以被',i,'整除')；
      break；
    end；
  if isSu=true then
    writeln(n,'是素数!')；
until false；
end.
```

❖思考：

for 循环中循环变量的起始值、终止值如何确定？

2. while 语句

当条件满足时执行或再次执行循环体,否则越过循环体。

其语法形式如下：

while 条件表达式 do
  语句 A；

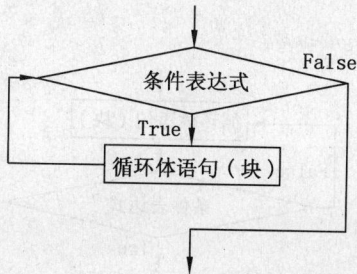

【任务七】

用 while 语句实现计算 1~100 的和,效果如图 2-14 所示。

图 2-14 1~100 的和

◎ 操作步骤

在控制台程序中编写代码如下:

```
var
  i,sum:integer;
begin
  sum:=0;
  i:=1;
  while i<=100 do
  begin
    // sum 中加上 i
    sum:=sum+i;
    //改变 i 值, i:=i+1
    inc(i);
  end;
  //打印结果
  writeln('1~100 的和为:',sum);
  readln;
end.
```

❖思考:

将 inc 函数改成 dec 函数后,while 的条件和 i 的初始值如何修改?

3. repeat 语句

其语义是:重复执行循环体,直到指定的条件为真时为止。其语法形式如下:

```
repeat
  语句 1;
  语句 2;
  ……
  语句 n;
until 条件表达式;
```

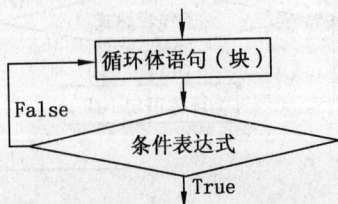

注意:这里不必把多个语句的循环体用 begin 和 end 括起来。当需要多次调试程序时(尤其是从键盘输入需要处理的数据),适宜用 repeat 结构。

```
repeat
    writeln('请输入需要处理的数据:');
    readln(i);
    // 对 i 进行处理的代码,此处省略
until false;
```

此处的 until false 条件永远不成立,故可进行多次程序调试。

【任务八】

用 repeat 语句实现计算 1~100 的和,效果与"任务七"的效果一致,如图 2-14 所示。

◎ 操作步骤

在控制台程序中编写代码如下:

```
var
    i,sum:integer;
begin
    sum:=0;
    i:=1;
    repeat
        // sum 中加上 i
        sum:=sum+i;
        //改变 i 值, i:=i+1
        inc(i);
    until i > 100;
    //打印结果
    writeln('1~100 的和为:',sum);
    readln;
end.
```

❖思考:

(1)until 的条件表达式如何确定,until i >= 100 是否合适?

(2)while 与 repeat 语句的异同点。

注意:while,repeat 语句中可以修改步长(step),for 语句中不能修改步长,每次递增(递减)1。

五、转向语句

在循环体中调用 break 过程,可使程序立即退出该层循环,跳到该循环语句结构的下一条语句。

在循环体中调用 continue 过程,则使程序直接转入下一次循环。

【任务九】

从键盘接收一个正整数 m,从 1 开始累加自然数到 n,直到 $1+2+\cdots\cdots+n$ 的总和大于 m,打印整个流程。效果如图 2-15 所示。

图 2-15　1~n 的和

◎ 操作步骤

在控制台程序中编写代码如下：

```
var
  i,m,sum:integer;
begin
  write('请输入一个正整数:');
  readln(m);
  sum:=0;
  i:=1;
  while(sum <= m) do
  begin
    sum:=sum+i;
    if (sum > m) then
      break;
    inc(i);
  end
  writeln('1~',i,'的和为',sum,',大于您输入的 ',m);
  readln;
end.
```

❖思考：

体会 break 的作用。

【任务十】

定义长度为 20 的 Integer 数组 arr。

1. 用 1~20 顺序填充数组(arr[i]:=i)，打印出所有小于 10 的数，效果如图 2-16 所示。

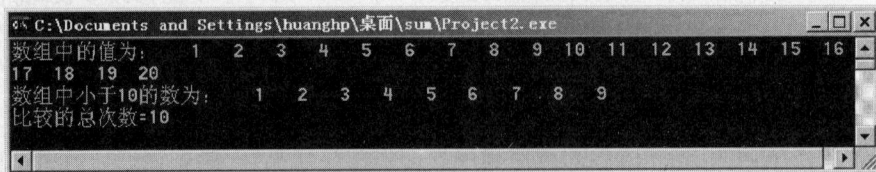

图 2-16　数组 1

◎ 操作步骤

在控制台程序中编写代码如下：

```
type
  Tarray=array[1..20] of integer;
```

```
var
   i,compareCount:integer;
   arr:Tarray;
begin
   //初始化数组,填充值
   for i:=1 to 20 do
      arr[i]:=i;
   // 打印数组值
   write('数组中的值为:');
   for i:=1 to 20 do
      write(arr[i]:4);
   //换行
   writeln;
   //遍历数组,打印小于 10 的值
   compareCount:=0;
   write('数组中小于 10 的数为:');
   for i:=1 to 20 do
   begin
      //累加比较次数
      inc(compareCount);
      if arr[i] < 10 then
         write(arr[i]:4)
      else
         break;
   end;
   //换行
   writeln;
   //打印比较次数
   writeln('比较的总次数=',compareCount);
   readln;
end.
```

❖思考:

此例中的 break 能否换成 continue,更改后对正确性和效率是否有影响?

2.用 20 以内的随机数填充数组(arr[i]:=random(20)),打印出所有小于 10 的数,效果如图 2-17 所示。

◎ 操作步骤

在控制台程序中编写代码如下:

```
type
   Tarray=array[1..20] of integer;
var
   i,compareCount:integer;
```

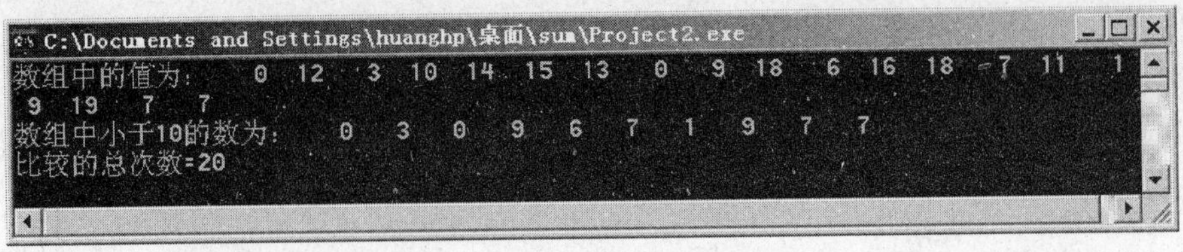

图 2-17　数组 2

```
    arr:Tarray;
begin
    //初始化数组,填充值
    Randomize;
    for i:=1 to 20 do
        arr[i]:=random(20);
    // 打印数组值
    write('数组中的值为:');
    for i:=1 to 20 do
        write(arr[i]:4);
    //换行
    writeln;
    //遍历数组,打印小于 10 的值
    write('数组中小于 10 的数为:');
    compareCount:=0;
    for i:=1 to 20 do
    begin
        //累加比较次数
        inc(compareCount);
        if arr[i] >= 10 then
            continue
        else
            write(arr[i]:4);
    end;
    //换行
    writeln;
    //打印比较次数
    writeln('比较的总次数=',compareCount);
    readln;
end.
```

❖思考:

此例中的 break 能否换成 continue,更改后对正确性和效率是否有影响?

项目四　过程与函数

(建议:8 课时)

过程与函数是实现一定功能的语句块,可以在程序中被调用,也可以递归调用。过程与函数的区别在于过程定义用 procedure 保留字,无返回值;函数定义用 function 保留字,有返回值。

一、标准过程与函数

Object Pascal 将一些常用功能和计算封装成过程与函数,我们称之为标准过程与函数。用户只需直接调用标准过程与函数,即可使代码更加易读、易懂,加快开发速度和减少重复代码。以下我们将介绍常用的数据类型转换函数,字符串、数组操作函数,数学运算函数和日期函数。

在 Delphi 中调用函数,一般情况下直接调用即可,但由于有一些函数未包含在 uses 列出的单元中(默认单元有 Windows,Messages,SysUtils,Variants,Classes,Graphics,Controls,Forms,Dialogs),所以需要我们手动添加单元。比如,MidStr 函数就未包含在这些单元中,它位于单元 StrUtils 中,因此需要将单元 StrUtils 添加到 uses 中。

(一)数据类型转换函数

Delphi 程序编写中,会用到多种数据类型,经常需要在不同的数据类型间进行转换,比如,有时我们需要将用户输入的 String 类型的数据转换成数值。因此熟练地掌握数据类型的转换是非常重要的。

1. FloatToStr

功能说明:该函数用于将"浮点型"转换成"字符型"。

参考实例:

Edit1. Text:=FloatToStr(1.981);

2. IntToStr

功能说明:该函数用于将"整型"转换成"字符型"。

参考实例:

S:=IntToStr(10);//S 为 String 类型变量

3. StrToInt

功能说明:该函数用于将"字符型"转换成"整型"。

参考实例:

I:=StrToInt('100');

注意:不能执行如 StrToInt('ab')或 StrToInt('好')这样的转换,因为这些参数并不存在整型。

4. StrToFloat

功能说明:该函数用于将"字符型"转换成"浮点型"。

参考实例：

N：=StrToFloat(Edit1.Text)；

注意：Edit1.Text 中的内容为 1.981（凡在 TEdit 组件中显示的文本均为字符串）。N 为 Double 类型，用于保存转换后的浮点型数据。

（二）字符串、数组操作函数

1. Copy

功能说明：该函数用于从字符串中复制指定范围内的字符。该函数有 3 个参数，第一个参数是数据源（即被复制的字符串），第二个参数是从何处开始复制（即被复制的起始位置），第三个参数是要复制的字符串的长度（即字符个数）。最后函数返回一个新的字符串（即被指定要复制的字符串内容）。

参考实例：

```
var
    S：string;
    MyStr：string; // 保存新的字符串
begin
    S：= 'I Love China!';
    //下面将获取 I Love China 中的"Love"字符串
    MyStr := Copy(S, 3, 4);
end;
```

执行结果：MyStr 等于"Love"，"Love"字符串是从"I Love China!"中第 3 个位置开始，所以第二个参数为 3，"Love"一共有 4 个字符，所以第三个参数为 4。

2. Concat

功能说明：连接两个或多个字符串为一个字符串。

参考实例：

```
var
    S1，S2：string;
begin
    //连接两个字符串,S1 变量等于 AB
    S1:= Concat('A', 'B');
    //连接三个字符,S2 变量等于 Borland Delphi 7.0
    S2:= Concat('Borland', 'Delphi', ' 7.0');
end;
```

3. Delete

功能说明：删除字符串中指定的字符串。该函数有三个参数，第一个参数为要进行处理的字符串，第二个参数为从何处开始删除，第三个参数为删除的字符个数。

参考实例：

```
var
    S：string;
begin
```

```
S: = 'I Like Reading CPCW.';
// 下面的代码将删除 S 变量中的"C"字符
Delete(S, 16, 1);
end;
```

此时 S 变量则是"I Like Reading PCW."("C"已经不存在了)。

4. High

功能说明:返回数组下标的最大值。

参考实例:

```
var
  arrText: array[0..9] of char;
  i: integer;
begin
  i: = High(arrText); // i 的值为 9
end;
```

5. Insert

功能说明:插入一个字符(串)。该函数有三个参数,第一个参数为要插入的字符(串),第二个参数为被插入的字符串(源字符串),第三个参数为从何处插入。

参考实例:

```
var
  S: string;
begin
  S: = 'Wat is your name?';
  // 上面句子中的 Wat 相比于 What 差一个"h"字符,下面使用 Insert 函数将"h"添加进去
  Insert('h', S, 2); // 将"h"从第 2 位处插入
end;
```

6. LeftStr(所在单元:StrUtils)

功能说明:返回字符串从左边开始指定个数的新字符(串)。该函数有两个参数,第一个参数为完整的字符串,第二个参数为指定个数。

参考实例:

```
var
  S, A: String;
begin
  S: = 'MSN Messenger';
  A: = LeftStr(S, 3); //从最左边开始,获取三个字符。因此 A 变量等于 MSN
end;
```

7. Length

功能说明:该函数用于统计指定字符串的长度(即字符个数)。

参考实例:

```
var
```

```
  nLen1，nLen2：integer；//用于保存字符串长度
begin
  nLen1 := Length('CPCW')；
  nLen2 := Length('电脑报')；
end；
```

执行结果：nLen1 等于 4，nLen2 等于 6。（由于一个汉字相当于两个字符的长度，所以 3 个汉字的长度为 6）

8. Low

功能说明：返回数组下标的最小值。

参考实例：

```
var
  arrText：array[1..9] of char；
  i：integer；
begin
  i := Low(arrText)；// i 的值为 1
end；
```

9. LowerCase

功能说明：将字符（串）中的英文字符转换为小写。

参考实例：

```
var
  S，A：string；
begin
  S := 'ABC'；
  A := LowerCase (S)；// 经过 LowerCase 函数转换后，A 等于 abc
end；
```

10. MidStr(所在单元：StrUtils)

功能说明：返回指定范围内的字符串。该函数有三个参数，第一个参数为源字符串，第二个参数为起点，第三个参数为结束点。通过第二个、第三个参数可以指定要复制字符串的范围。

Copy 函数与此函数类似，MidStr 主要用于处理含有中文字符的字符串。

参考实例：

```
var
  S：string；
  H：string；
begin
  S := MidStr('China'，1，2)；// S 变量为 Ch
  H := MidStr('电脑报'，1，1)；// H 变量为"电"。如果使用 Copy 函数，则应是 H := Copy
    ('电脑报'，1，2)，否则返回的将不是"电"字。因此在操作含有中文的字符串时，最好使用
    MidStr
end；
```

11. Pos

功能说明:查找字符(串)所在位置。该函数有两个参数,第一个参数为被查找的字符(串)的位置,第二个参数为被查找的字符(串)。

参考实例:

```
var
    nPos：integer；// 用于保存被查找的字符的位置
begin
    nPos：= Pos('Like'，'I Like Reading!')；
end；
```

此时 nPos 等于 3。如果没有查找到,则 nPos 为 0。

注意:Pos 函数在查找时是要区分字符大、小写的。如果要实现不区分大、小写,那么需要使用 UpperCase 或 LowerCase 函数将两个参数的字符(串)转换为"大写"或"小写"再进行查找。

另外还有一个查找字符(串)的函数——AnsiPos,该函数的使用方法与 Pos 函数完全一样。当你查找的是汉字时,最好使用 AnsiPos 函数。

12. RightStr(所在单元:StrUtils)

功能说明:返回字符串从右边开始指定个数的新字符(串)。该函数有两个参数,第一个参数为完整的字符串,第二个参数为指定个数。

参考实例:

```
var
    S，A：string；
begin
    S ：= 'MSN Messenger'；
    A ：= RightStr(S，3)；// 从最右边开始,获取三个字符。因此 A 变量等于 ger
end；
```

13. SetLength

功能说明:设置字符串或动态数组长度。该函数有两个参数,第一个参数为要设置的字符串变量或动态数组变量,第二个参数为指定的长度,其取值范围为 0~255。

参考实例:

```
var
    S：string；
    arrText：array of char；// 定义一个动态数组
begin
    SetLength(S，10)；// 设置后,S 变量只能赋值长度为 10 的字符串
    SetLength(arrText，10)；// 只有当 SetLength 为动态数组且分配内存空间后才能使用。这句
                            代码的作用相当于 arrText：array[0..9] of char
end；
```

14. StrPCopy

功能说明:将字符串复制到字符数组中。该函数有两个参数,第一个参数为"目标数组",第二个参数为"字符串"。

参考实例:

```
var
    arrChar: array[0..255] of char; // 这里声明了长度为 256 的 Char 型数组
begin
    StrPCopy(arrChar, 'Come on, baby!');
end;
```

15. Trim

功能说明:删除字符串左右两边的空格(无论左右两边有多少个空格均被全部删除)。

参考实例:

```
var
    S: string;
begin
    S:= ' Delphi 7.0 ';
    S:= Trim(S);
end;
```

16. TrimLeft

功能说明:删除字符串左边的空格(无论左边有多少个空格均被全部删除)。

参考实例:

```
S:= TrimLeft(' Delphi');
```

17. TrimRight

功能说明:删除字符串右边的空格(无论右边有多少个空格均被全部删除)。

参考实例:

```
S:= TrimRight('Delphi ');
```

18. UpperCase

功能说明:将字符(串)中的英文字符转换为大写。

参考实例:

```
var
    S, A: String;
begin
    S:= 'abc';
    A:= UpperCase(S); // 经过 UpperCase 函数转换后,A 等于 ABC
end;
```

(三)数学运算函数

默认情况下,Delphi 新建的工程里没有包含大多数的数学运算函数,因此需要在uses中加入 Math 单元。

1. Abs

功能说明:求绝对值。

参考实例:

```
var
  r: single;
  i: integer;
begin
  r:= Abs(-2.8); // r 等于 2.8
  i:= Abs(-156); // i 等于 156
end;
```

2. Exp

功能说明:返回 e 的 X 次幂的值,其中 e 是一个自然对数基底。

参考实例:

```
e:= Exp(1.0); // e 为 Real 型变量
```

3. Floor

功能说明:取得小于等于 X 的最大整数。

参考实例:

```
Floor(-2.8) = -3;
Floor(2.8) = 2;
Floor(-1.0) = -1;
```

4. Int

功能说明:返回参数中的整数部分。

参考实例:

```
var
  R: real;
begin
  R:= Int(123.456); // R 等于 123.0
  R:= Int(-123.456); // R 等于 -123.0
end;
```

5. Max(所在单元:Math)

功能说明:比较两个数字,并返回较大的数字。

参考实例:

```
var
  k: integer;
begin
  k:= Max(10, 20); // k 等于 20
end;
```

6. Min(所在单元:Math)

功能说明:比较两个数字,并返回较小的数字。

参考实例：

```
var
  k：integer；
begin
  k：= Min(10，20)；// k 等于 10
end；
```

7. PI

功能说明：精确计算返回圆周率。

参考实例：

```
var
  x：extended；
begin
  x：= PI；// x 等于 3.1415926535897932385
end；
```

8. Round

功能说明：对一个实数进行四舍五入。

参考实例：

```
var
  i，j：integer；
begin
  i：= Round(1.25)；// i 等于 1
  j：= Round(1.62)；// j 等于 2
end；
```

9. Sqr

功能说明：取给定值的平方。

参考实例：

```
var
i：integer；
  begin
  i：= Sqr(3)；// i 等于 9
end；
```

（四）日期函数

1. Date

功能说明：返回当前的日期。

参考实例：

```
procedure TForm1.Button1Click(Sender：TObject)；
begin
  Label1.Caption：= '今天是：' + DateToStr(Date)；
end；
```

Label 显示为:今天是 2005 年 1 月 1 日。

2. DateToStr

功能说明:将日期型转换为字符型。

参考实例:

```
var
  S: string;
begin
  S:= DateToStr(Date);
end;
```

3. DateTimeToStr

功能说明:将 DateTime 型转换为字符型。

参考实例:

```
var
  S: string;
begin
  S:= DateTimeToStr(Now);
end;
```

4. DayOfTheMonth(所在单元:DateUtils)

功能说明:获取指定日期的日。

参考实例:

Label1. Caption:= IntToStr(DayOfTheMonth(Now));

假设当前日期为 2005 年 1 月 2 日,那么 Label 将显示为 2。

5. DayOfTheWeek(所在单元:DateUtils)

功能说明:根据指定日期,获取当日的星期。

参考实例:

Label1. Caption:= IntToStr(DayOfTheWeek (Now));

假设当前日期为 2005 年 1 月 2 日,那么 Label 将显示为 7。根据返回值来判断是星期几。7 表示星期天,1 为星期一,以此类推。

6. DayOfTheYear(所在单元:DateUtils)

功能说明:根据指定日期,获取天数。

参考实例:

Label1. Caption:= IntToStr(DayOfTheYear(Now));

假设当前日期为 2005 年 1 月 2 日,那么 Label 将显示为 2。表示 2005 年的第 2 天。

7. DayOf(所在单元:DateUtils)

功能说明:根据指定的日期,返回日。

参考实例:

Label1. Caption:= IntToStr(DayOf(Date));

假设当前日期为 2005 年 1 月 2 日,那么 Label 将显示为 2。结果与 DayOfTheMonth

函数的结果相同。

8. MonthOf(所在单元：DateUtils)

功能说明：根据指定的日期，返回月份。

参考实例：

Label1. Caption：= IntToStr(MonthOf(Date));

假设当前日期为 2005 年 1 月 2 日，那么 Label 将显示为 1。

9. YearOf(所在单元：DateUtils)

功能说明：根据指定的日期，返回年。

参考实例：

Label1. Caption：= IntToStr(YearOf(Date));

假设当前日期为 2005 年 1 月 2 日，那么 Label 将显示为 2005。

10. Now

功能说明：返回当前日期及时间。

参考实例：

procedure TForm1. Button1Click(Sender：TObject);

begin

  Label1. Caption：= ′现在是：′ + DateTimeToStr(Now);

end;

11. IsLeapYear

功能说明：根据指定的年，判断是否为闰年。可使用 YearOf 函数获取年。

参考实例：

procedure TForm1. Button1Click(Sender：TObject);

begin

  if IsLeapYear(YearOf(Date)) then ShowMessage(′是闰年′)

  else ShowMessage(′不是闰年′);

end;

二、自定义过程与函数

1. 过程声明

procedure 过程名(参数表);

＜局部声明部分＞

begin

＜过程体语句序列＞

end;

过程名：过程标识符。

局部声明部分：用于声明仅限于该过程内引用的常量、自定义数据类型、变量、过程和函数等。

参数表：声明参数的个数和类型，同类型参数之间以逗号分隔，不同类型参数之间以分号分隔。

【任务一】

定义一个打印"hello,world!"的 procedure 并调用,效果如图 2-18 所示。

图 2-18　自定义过程调用

◎ 操作步骤

在控制台程序中编写代码如下:

```
var
  name:string;
//此过程用于 say hello to someone
procedure SayHello(name:string);
var
  i:integer; //此处可以定义过程中用到的变量
begin
  writeln('hello world! I am ',name,'!');
end;
begin
  write('此程序用于 say hello,请输入你的名字:');
  readln(name);
  SayHello(name);
  readln;
end.
```

❖思考

(1)修改代码,使 Say Hello 过程接收一个 integer 类型的 count 值。

(2)修改代码,根据传入的 count 值,打印(count/2)遍 Hello World。

【任务二】

用过程实现"打印出 1～n 之间所有的奇数",效果如图 2-19 所示。

图 2-19　打印奇数

提示:

(1)从键盘接收用户输入的 n 值;

(2)将遍历 1～n,判断是否是奇数,打印奇数等代码在过程 PrintOddNumber 中实现;

(3)用传入的 n 值调用过程 PrintOddNumber。

◎ 操作步骤

在控制台程序中编写代码如下：

```
var
  n:integer;
//此过程用于打印 1~n 之间所有的奇数，n 为传入的参数
procedure PrintOddNumber(n:integer);
var
  i:integer;
begin
  for i:=1 to n do
  begin
    if odd(i) then write(i,' ');
  end;
end;
begin
  write('此程序用于打印出 1~n 之间所有的奇数，请输入 n 值:');
  readln(n);
  PrintOddNumber(n);
  readln;
end.
```

❖思考

修改 PrintOddNumber 过程，使得可以打印传入的 m、n 两个数值之间所有的奇数。

2.函数声明

function 函数名(参数表):返回数据类型；

<局部声明部分>

begin

<函数体语句序列>

end；

函数首部除了声明函数的标识符、形式参数表以外，必须在冒号之后声明函数返回的数据类型。局部声明部分与过程的局部声明部分类似。

函数名本身作为一个特殊的变量，与系统预先定义的变量 Result 一样，可在函数体中接受赋值，用来存储函数返回值。

【任务三】

用函数实现，打印出 1~n 之间每个自然数的阶乘，效果如图 2-20 所示。

◎ 操作步骤

在控制台程序中编写代码如下：

```
var
  j,n,jcValue:integer;
```

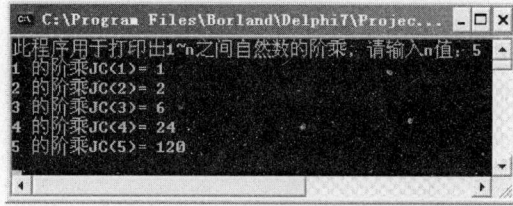

图 2-20 打印阶乘

```
//此过程用于计算一个数的阶乘,num 为传入的参数
function JC(num:integer):integer;
var
  i,nn:integer;              // nn 用于存放阶乘值
begin
  nn:=1;
  for i:=1 to num do
  begin
  nn:=nn*i;
  end;
  result:=nn;
end;
begin
  write('此程序用于打印出 1~n 之间自然数的阶乘,请输入 n 值:');
readln(n);
  for j:=1 to n do
  begin
    jcValue:=JC(j);
    writeln(j,'的阶乘 JC(',j,')= ',jcValue);
  end;
  readln;
end.
```

❖思考

代码中的 result 是否有替代者?

【任务四】

打印 1~n 之间所有的素数(分别用函数、过程声明),效果如图 2-21 所示。

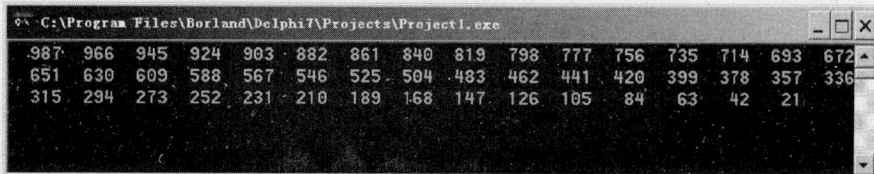

图 2-21 用函数声明求素数

提示：

(1)在"任务三"程序的基础上修改；

(2)从键盘接收一个 n 值；

(3)将 for 循环 1~n，用函数 IsSuShu 判断每个值是否是素数，代码放到过程 Print-SuShu 中。

◎ 操作步骤

在控制台程序中编写代码如下（以函数声明为例）：

```
var
  n:integer;
//此函数用于判断一个数是否是素数,返回 boolean
function IsSuShu(n:integer):boolean;
var
  i:integer;          // nn 用于存放阶乘值
begin
  result:=true;
  for i:= 2 to n -1 do
    if (n mod i) =0 then
    begin
    result:= false;
    break;
    end;
end;
//此过程打印 1~n 之间所有的素数
procedure PrintSuShu(n:integer);
var
  i:integer;
begin
  for i:=n downto 2 do
    if IsSuShu(i) then write(i,' ');
end;

begin
  readln(n);
  PrintSuShu(n);
  readln;
end.
```

❖思考

如何实现打印 $m \sim n$ 之间的素数？

Delphi 的数据类型见表 2-6。

表 2-6　　　　　　　　　　　　　　　　**Delphi** 的数据类型

分类				范围	字节	备注
简单类型	序数	整数	Integer	$-2147483648 .. 2147483647$	4	有符号 32 位
			Cardinal	$0 .. 4294967295$	4	无符号 32 位
			Shortint	$-128 .. 127$	1	有符号 8 位
			Smallint	$-32768 .. 32767$	2	有符号 16 位
			Longint	$-2147483648 .. 2147483647$	4	有符号 32 位
			Int64	$-2^{63} .. 2^{63}$	8	有符号 64 位
			Byte	$0 .. 255$	1	无符号 8 位
			Word	$0 .. 65535$	2	无符号 16 位
			Longword	$0 .. 4294967295$	4	无符号 32 位
		字符	AnsiChar(Char)	ANSI 字符集		8 位
			WideChar	Unicode 字符集		16 位
		布尔	Boolean	False $<$ True Ord(False) $=$ 0 Ord(True) $=$ 1 Succ(False) $=$ True Pred(True) $=$ False	1	
			ByteBool	False $<>$ True	1	
			WordBool	Ord(False) $=$ 0	2	
			LongBool	Ord(True) $<>$ 0 Succ(False) $=$ True Pred(False) $=$ True	4	
		枚举				
		子界				
	实数		Real	$5.0 \times 10^{-324} .. 1.7 \times 10^{308}$	8	［精度］15..16
			Real48	$2.9 \times 10^{-39} .. 1.7 \times 10^{38}$	6	［精度］11..12；向后兼容
			Single	$1.5 \times 10^{-45} .. 3.4 \times 10^{38}$	4	［精度］7..8
			Double	$5.0 \times 10^{-324} .. 1.7 \times 10^{308}$	8	［精度］15..16
			Extended	$3.6 \times 10^{-4951} .. 1.1 \times 10^{4932}$	10	［精度］19..20
			Comp	$-2^{63} + 1 .. 2^{63} - 1$	8	［精度］19..20
			Currency	$-922337203685477.5808 .. 922337203685477.5807$	8	［精度］19..20
字符串			ShortString	255 个字符	2..256B	向后兼容
			AnsiString	大约 2^{31} 个字符	4B..2GB	8 位（ANSI）字符
			WideString	大约 2^{30} 个字符	4B..2GB	多用户服务和多语言应用程序；和 COM 定义的 BSTR 兼容
			其他	String String[0..255] PChar PAnsiString PWideString		

分类			范围	字节	备注
结构类型	集合		Set	最多 256 个元素[0..255]		
	数组	静态数组				
		动态数组				
	记录		Record			
	文件		File			
	类		Class			
	类引用		Class Reference			
	接口		Interface			
指针类型	无类型指针		Pointer			
	有类型指针	预定义类型指针	PAnsiString			
			PString			
			PByteArray			
			PCurrency			
			PDouble			
			PExtended			
			PSingle			
			PInteger			
			POleVariant			
			PShortString			
			PTextBuf			
			PVarRec			
			PVariant			
			PWideString			
			PWordArray			
过程类型	程序过程类型		Procedural			
	对象过程类型		Procedural			
变体类型			Variant			
			OleVariant			

Delphi 的运算符见表 2-7。

分类	运算符	操作	操作数	结果类型	范例
算术运算符	+	加	整数,实数	整数,实数	X + Y
	−	减	整数,实数	整数,实数	Result − 1
	*	乘	整数,实数	整数,实数	P * InterestRate
	/	实数除	整数,实数	实数	X / 2
	div	整数除	整数	整数	Total div UnitSize
	mod	取模	整数	整数	Y mod 6
	+(一元)	符号等同	整数,实数	整数,实数	+7
	−(一元)	符号相反	整数,实数	整数,实数	−X
布尔运算符	not	否定	布尔型	Boolean	not (C in MySet)
	and	与	布尔型	Boolean	Done and (Total>0)
	or	或	布尔型	Boolean	A or B
	xor	异或	布尔型	Boolean	A xor B
逻辑（按位）运算符	not	按位否定	整数	整数	not X
	and	按位与	整数	整数	X and Y
	or	按位或	整数	整数	X or Y
	xor	按位异或	整数	整数	X xor Y
	shl	按位左移	整数	整数	X shl 2
	shr	按位右移	整数	整数	Y shr I
字符串运算符	+	连接	字符串、压缩串、字符	字符串	S + '.'
指针运算符	+	指针加	字符指针,整数	字符指针	P + I
	−	指针减	字符指针,整数	字符指针,整数	P − Q
	^	指针解除参照	指针	指针的基类型	P^
	=	相等	指针	Boolean	P = Q
	<>	不等	指针	Boolean	P <> Q
集合运算符	+	并集	集合	集合	Set1 + Set2
	−	差集	集合	集合	S - T
	*	交集	集合	集合	S * T
	<=	子集	集合	Boolean	Q <= MySet
	>=	超集	集合	Boolean	S1 >= S2
	=	相等	集合	Boolean	S2 = MySet
	<>	不等	集合	Boolean	MySet <> S1
	in	成员	序数,集合	Boolean	A in Set1

分类	运算符	操作	操作数	结果类型	范例
关系运算符	=	相等	简单类型、类、类引用、接口、串、压缩串	Boolean	I = Max
	<>	不等	简单类型、类、类引用、接口、串、压缩串	Boolean	X <> Y
	<	小于	简单类型、串、压缩串、PChar	Boolean	X < Y
	>	大于	简单类型、串、压缩串、PChar	Boolean	Len > 0
	<=	小于或等于	简单类型、串、压缩串、PChar	Boolean	Cnt <= 1
	>=	大于或等于	简单类型、串、压缩串、PChar	Boolean	I >= 1
类运算符	as	转换	类和类的实例		
	is	判断			
	=	关系运算符 = 和 <> 也作用于类			
	<>				
地址（@）运算符	@X	如果 X 是一个变量，那么@X 返回 X 的地址。当编译指示｛＄T－｝有效时，@X 是 Pointer 类型； 而在编译指示｛＄T＋｝状态下时，@X 是 ^T 类型，这里的 T 是 X 的类型			
	@F	如果 F 是一个例程（函数或过程），那么@F 返回 F 的入口点，@F 的类型总是 Pointer			
	@类中方法	当 @ 适用于定义在类中的方法时，方法标识符必需被类的名称限定。例如：@ TMyClass. DoSomething			

面向对象编程基础

Delphi 是基于面向对象编程的开发环境,面向对象的程序设计(OOP,Object Oriented Programming)是结构化语言的自然延伸。OOP 的先进编程方法会产生一个既清晰又容易扩展及维护的程序。一旦建立了一个类,程序员就可以在其他程序中使用这个类,不必重新编制繁复的代码。类的重复使用可以大大节省开发时间,切实地提高工作效率。

☞**本模块学习要点**

1. 类和对象
2. 封装、继承与多态

项目一　类和对象

（建议：2 课时）

一、类和对象

1. 对象

对象(Object)是人们要进行研究的任何事物,如自然数、汽车、人、房子、支票、雨衣等。对象不仅能表示具体的事物,还能表示抽象的规则、计划或事件。概括来说就是:万物皆对象。

2. 对象的状态和行为

对象具有状态,一个对象用数据值来描述它的状态。对象还有操作,用于改变对象的状态,其操作就是对象的行为。对象实现了数据和操作的结合,使数据和操作封装于对象的统一体中。

3. 类

类(Class)描述了具有相同或相似性质的一组对象,这组对象具有相同的数据结构,相同的操作,它定义了这组对象共同的属性和操作。类是一个抽象的概念,也称类类型,可以把类视为特殊数据类型。对象的抽象是类,类的具体化就是对象,也可以说类的实例是对象。

类具有属性,它是对象的状态的抽象,用数据结构来描述类的属性。

类具有操作,它是对象的行为的抽象,用操作名和实现该操作的方法来描述。

1.类的定义

声明类的数据类型使用关键字 class。其语法格式如下：

type

　　类名 ＝class(父类)

　　成员列表

end；

【任务一】

启动 Delphi 程序，观察新建窗体程序中的类定义。

◎ 操作步骤

(1)启动 Delphi 程序，会自动新建一个窗体程序。

(2)观察代码编辑器中的代码。

当建立一个窗体程序时，Delphi 将显示一个窗体作为设计的基础。在代码编辑器中，Delphi 将这个窗体定义为一个新的对象类型，同时在与窗体相关联的库单元中生成创建这个新窗体对象的程序代码。

```
unit Unit1；
interface
uses
    Windows, Messages, SysUtils, Variants, Classes, Graphics, Controls, Forms,Dialogs；
type
    TForm1 = class(TForm)〔窗体的类型说明开始〕
    private
        ｛ Private declarations ｝
    public
        ｛ Public declarations ｝
    end；〔窗体的类型说明结束〕
var
    Form1：TForm1；〔说明一个窗体变量〕
implementation
｛$R *.dfm｝
end.
```

注意：其中用下划线标注的代码即是 TForm1 这个类的类定义，class(TForm)说明 TForm1 是基于 TForm 的子类。

2.类的成员(字段、方法和属性)

(1)字段

字段是属于类的一个变量，它可以是任何类型，包括类类型(也就是说，字段可以存储对象的引用)。字段通常具有 private 属性。

定义字段非常简单，就像声明变量一样。字段声明必须出现在属性声明和方法声明之前。

例如：

FCount：integer；

（2）方法

方法是一个和类相关联的过程或函数。

例如：

procedure InitControls；

调用一个方法需指定它作用的对象（若是类方法，则指定类）。

例如：

ListBox1.Clear；

（3）属性

属性用关键字 property 声明，它类似于字段，但又不同于字段，它常与读取和修改内部字段的方法相关联。

【任务二】

属性练习，新建一个窗体程序，创建 TStudent 类，并在按钮事件中生成 TStudent 类的对象 stu，对 stu 的字段 FAge 和属性 Age 分别赋值，观察现象。

◎ 操作步骤

（1）启动 Delphi 程序，会自动新建一个窗体程序。

（2）在代码编辑器中编写代码如下：

```
unit Unit1；
interface
uses
    Windows， Messages， SysUtils， Variants， Classes， Graphics， Controls， Forms， Dialogs，
        StdCtrls；
type
    TForm1 = class(TForm)
        Button1：TButton；
        procedure Button1Click(Sender：TObject)；
    private
        { Private declarations }
    public
        { Public declarations }
    end；
    //TStudent 类里面包含一个属性(property)、一个方法、两个字段
    TStudent = class(TObject)
    private
        FName：string；    //学生的名字
        FAge：integer；        //学生的年龄
        procedure SetAge(const Value：integer)；
    public
        property Age：    integer read FAge write SetAge；
    end；
```

```
var
  Form1: TForm1;
implementation
{$R *.dfm}


procedure TStudent.SetAge(const Value: integer);
begin
  if (Value>=0) and (Value<200) then
    FAge := Value
  else
    ShowMessage('您输入的'+IntToStr(value)+'不是一个有效的年龄(0～200)!');
end;


procedure TForm1.Button1Click(Sender: TObject);
var
  stu:TStudent;
begin
  stu:=TStudent.Create;
  stu.FName:='Tom';
  //通过设置字段 FAge,学生的年龄为 500
  stu.FAge:=500;
  ShowMessage(IntToStr(stu.FAge));
  //通过设置属性 Age,学生的年龄为 500, 此时调用 SetAge 方法,判断数据无效
  stu.Age:=500;
  //此时调用 SetAge 方法,判断数据有效
  stu.Age:=20;
  ShowMessage(IntToStr(stu.FAge));
  stu.Free;
end;
end.
```

观察代码,TStudent 类包含一个属性(property)、一个方法、两个字段。

属性定义:property Age: integer read FAge write SetAge;

属性里面有三个要素:

①指定数据类型:Age 属性是 Integer 类型;

②如何读取:读取 Age 属性时,实际上读取的是 FAge 字段;

③如何写入:写入 Age 属性时,实际上是通过 SetAge 方法写入。

注意:当设置 stu.FAge:=500 时,直接对字段 FAge 赋值,因此随后的 ShowMessage 显示 500;当执行 stu.Age:=500 时,设置属性 Age,学生的年龄为 500,此时会调用 SetAge 方法,在 SetAge 中判断数据无效,提示"您输入的 500 不是一个有效的年龄(0～200)!";当设置 stu.Age:=20 时,数据有效,随后的 ShowMessage 显示 20。运行效果如图3-1所示。

图 3-1 属性练习的运行效果

❖思考：

新增 Name 属性，在设置 FName 时判断数据是否有效，一个人的名字不应该为空值。

3. 类成员的访问权限

在类的声明中可以使用关键字 private、protected、public 和 published 说明类成员的访问权限。访问权限决定了一个成员在哪些地方以及如何被访问。

其中，public 的成员可以被外界的所有客户代码直接访问；published 和 public 差不多，区别仅在于 published 的成员可以被 Delphi 开发环境的 Object Inspector 显示，因此一般将属性或事件声明于 published 段；private 的成员为类的私有性质，仅由类本身和友元访问；protected 的成员基本与 private 的类似，区别在于 protected 的成员可以被该类的所有派生类访问。

4. 对象

类是对一组对象的抽象，而对象就是类的实例化。观察"任务二"中的代码"var stu:TStudent;"，其中，stu 是对象名，TStudent 是对象的类型。通过"stu：＝TStudent. Create;"语句创建 stu 对象，在一系列操作之后，通过"stu. Free;"语句销毁对象。

项目二　　封装、继承与多态

（建议：4 课时）

类的封装、继承与多态三种特性构成了面向对象程序设计思想的基础，通过这些特性可以最大程度地实现代码的重用，有效地降低软件的复杂性。例如，通过多态可以逼真地描述客观世界，使得应用程序完美地满足用户的要求。

一、封装的概念及作用

类将数据和方法组合在同一个结构中，这就是对象的封装特性。设计类时，不直接存取类中的数据，而是通过方法来存取数据，这样就可以达到封装数据的目的，方便以后的维护升级，也可以在操作数据时多一层判断。

此外，封装还可以解决数据存取的权限问题。用封装将数据隐藏起来，形成一个封闭的空间，然后就可以设置哪些数据只能在这个空间中使用，哪些数据可以在空间外部使用。在编写程序时，要对类的成员使用不同的访问修饰符，从而定义它们的访问权限。

总之，封装的目的就是隐藏实现细节、保证数据安全。

【任务一】

通过定义若干类，认识类的封装特性。

◎ 操作步骤

(1)启动 Delphi 程序，会自动新建一个窗体程序。

(2)点击菜单 File →New →Unit，新建一个 Unit 文件，名字为 Unit2，在 Unit2 中定义类 TMyClass1，TMyClass2，TMyClass3。它们的特征如下：

· TMyClass1 类中的字段都没有封装，外部可以任意读写

· TMyClass2 类中的字段都封装了，外部不能读写

· TMyClass3 类中的字段和方法都被封装在私有区(private)内，外部只能通过属性来读写字段

代码如下：

```
unit Unit2;

interface

type

//TMyClass1 类中的字段都没有封装，外部可以任意读写

TMyClass1 = class

FName: string;

FAge: integer;

end;


//TMyClass2 类中的字段都封装了，外部不能读写

TMyClass2 = class

private

  FName: string;

  FAge: integer;

end;


//TMyClass3 类中的字段和方法都被封装在私有区(private)内，外部只能通过属性来读写字段

TMyClass3 = class

private

  FName: string;

  FAge: integer;

  procedure SetAge(const Value: integer);

  procedure SetName(const Value: string);

public

  property Name: string read FName write SetName;

  property Age: integer read FAge write SetAge;

end;


implementation

procedure TMyClass3.SetAge(const Value: integer);
```

```
begin
  if (Value>=0) and (Value<200) then
    FAge := Value;
end;

procedure TMyClass3.SetName(const Value：string);
begin
  if Value<>'' then
    FName:= Value;
end;
end.
```

（3）为了能在 Unit1 文件中使用 Unit2 里定义的类，需要在 Unit1 文件的 uses 中增加 Unit2。

```
uses
  Windows, Messages, SysUtils, Variants, Classes, Graphics, Controls, Forms, Dialogs, Unit2;
```

（4）双击窗体，进入 TForm1.FormCreate 方法，生成三个类对应的对象实例，编写代码如下：

```
procedure TForm1.FormCreate(Sender：TObject);
var
  c1：TMyClass1；
  c2：TMyClass2；
  c3：TMyClass3；
begin
  c1:=TMyClass1.Create;
  c2:=TMyClass2.Create;
  c3:=TMyClass3.Create;
end;
```

然后通过 Delphi 的代码补全功能可以看到：TMyClass1 没有完成封装的功能，字段 FName 和 FAge 可以随意读写，如图 3-2(a)所示；TMyClass2 完成了封装，但外部不能对其字段操作，如图 3-2(b)所示；TMyClass3 封装了字段，外部仅可以通过操作其属性 Name 和 Age 的方式进行字段读写，达到了封装的效果，效果如图 3-2(c)所示。

二、继承的概念及作用

继承是面向对象编程最重要的特性之一。除了 TObjec 类外的其他任何类都可以从另外一个类继承，也就是说，这些类拥有它们继承的类的所有成员。在面向对象编程中，被继承的类称为父类或基类。

利用类的继承特性，用户可以通过增加、修改或替换类中的方法对这个类进行扩充，以适应不同的应用要求。利用继承，程序开发人员可以在已有类的基础上构造新类。在日常生活中很多东西都很有条理，那是因为它们有着很好的层次分类。如果不用层次分类，则需要对每个对象都定义其所有的性质。使用继承后，每个对象就只需定义自己的

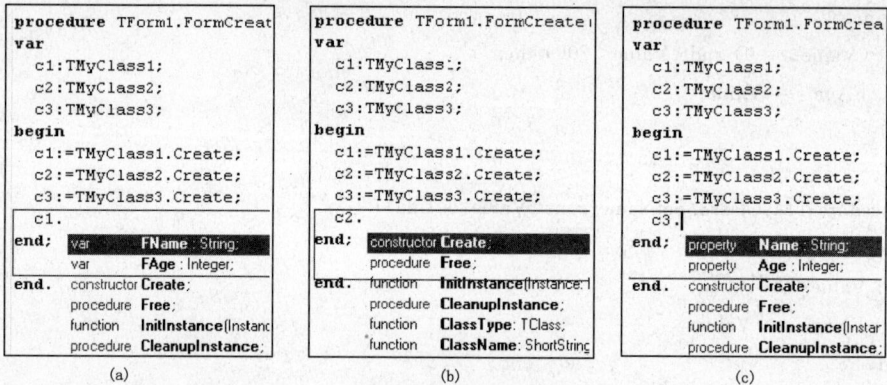

```
procedure TForm1.FormCreat
var
  c1:TMyClass1;
  c2:TMyClass2;
  c3:TMyClass3;
begin
  c1:=TMyClass1.Create;
  c2:=TMyClass2.Create;
  c3:=TMyClass3.Create;
  c1.
end;      var       FName : String;
          var       FAge : Integer;
end.   constructor Create;
       procedure  Free;
       function   InitInstance(Instanc
       procedure  CleanupInstance;
```
(a)

```
procedure TForm1.FormCreate
var
  c1:TMyClass1;
  c2:TMyClass2;
  c3:TMyClass3;
begin
  c1:=TMyClass1.Create;
  c2:=TMyClass2.Create;
  c3:=TMyClass3.Create;
  c2.
end;   constructor Create;
       procedure  Free;
end.   function   InitInstance(Instance.1
       procedure  CleanupInstance;
       function   ClassType: TClass;
       function   ClassName: ShortString;
```
(b)

```
procedure TForm1.FormCrea
var
  c1:TMyClass1;
  c2:TMyClass2;
  c3:TMyClass3;
begin
  c1:=TMyClass1.Create;
  c2:=TMyClass2.Create;
  c3:=TMyClass3.Create;
  c3.
end;   property  Name : String;
       property  Age : Integer;
end.   constructor Create;
       procedure  Free;
       function   InitInstance(Instar
       procedure  CleanupInstance
```
(c)

图 3-2　类的封装特性

特殊性质,每一层的对象只需定义本身的性质,其他性质可以从上一层继承下来。

继承一个类时,成员的可访问性是一个重要的问题。子类不能访问父类的私有成员,但是可以访问其公共成员。这就是说,只要使用 public 声明成员,就可以让一个成员被基类和子类访问,同时也可以被外部的代码访问。

为了解决父类成员的访问问题,Delphi 还提供了另外一种可访问性——protected,protected 区的数据成员只给自己或子类访问,外部代码不能访问。

【任务二】

通过定义若干类,认识类的继承特性。

◎ 操作步骤

(1)启动 Delphi 程序,会自动新建一个窗体程序。

此时观察代码编辑器中的代码,就已经出现了两个类:一个是 TForm 类,另一个是 TForm1 类。TForm1 继承于 TForm。即 TForm 是 TForm1 的父类,TForm1 是 TForm 的子类。

TForm1 = class(TForm)

private

　　{ Private declarations }

public

　　{ Public declarations }

end;

(2)点击菜单“File”→“New”→“Unit”,新建一个 Unit 文件,名字为 Unit2,在 Unit2 中定义类 TBase 和 TChild,TChild 是 TBase 的子类,编写代码如下:

unit Unit2;

interface

uses Dialogs;

type

　　TBase = class(TObject)

　　private

　　　　F1:integer;

```
    procedure doSomething1 (Value:integer);
protected
    F2:real;
    procedure doSomething2 (Value:real);
public
    procedure doSomething3 (Value:string);
end;


TChild = class(TBase)
private
    F4:string;
public
    procedure doSomething4 (Value:string);
end;

implementation
    procedure TBase. doSomething1 (value:integer);
    begin
        ShowMessage('TBase. doSomething1');
    end;
    procedure TBase. doSomething2 (Value:real);
    begin
        ShowMessage('TBase. doSomething2');
    end;
    procedure TBase. doSomething3 (Value:string);
    begin
        ShowMessage('TBase. doSomething3');
    end;
    procedure TChild. doSomething4 (Value:string);
    begin
        ShowMessage('TBase. doSomething4');
    end;
end.
```

（3）为了能在 Unit1 文件中使用 Unit2 里定义的类，需要在 Unit1 文件的 uses 中增加 Unit2。

```
uses
    Windows, Messages, SysUtils, Variants, Classes, Graphics, Controls, Forms, Dialogs,Unit2;
```
（4）双击窗体，进入 TForm1. FormCreate 方法，编写代码如下：
```
procedure TForm1. FormCreate(Sender: TObject);
var
    base:TBase;
    child:TChild;
```

```
begin
    base: = TBase. Create;
    child: = TChild. Create;
    base. doSomething3('');
    child. doSomething3('');
    child. doSomething4('');
    base. Free;
    child. Free;
end;
```

其中，base 父类有一个公用方法 doSomething3，而 child 子类除了继承父类的公用方法 doSomething3 外，还有自己的 doSomething4 方法。

❖思考：

在 TChild. doSomething4 中 Ctrl＋Space 查看 TChild 的字段和方法，辨别哪些是从父类 TBase 中继承下来的，哪些是 TChild 自己的。

三、多态的概念及作用

多态是面向对象的重要特性，简单点说是"一个接口，多种实现"，就是同一种事物表现出的多种形态。

编程其实就是一个将具体世界进行抽象的过程，多态就是抽象化的一种体现，把一系列具体事物的共同点抽象出来，再通过这个抽象的事物，与不同的具体事物进行对话。对不同类的对象发出相同的消息将会有不同的行为。

多态的作用：

应用程序不必为每一个派生类编写功能调用，只需要对抽象基类进行处理即可。这大大提高了程序的可复用性。

派生类的功能可以被基类的方法或引用变量所调用，这叫向后兼容，可以提高可扩充性和可维护性。

【任务三】

通过定义若干类，认识类的多态特性。效果如图 3-3 所示。

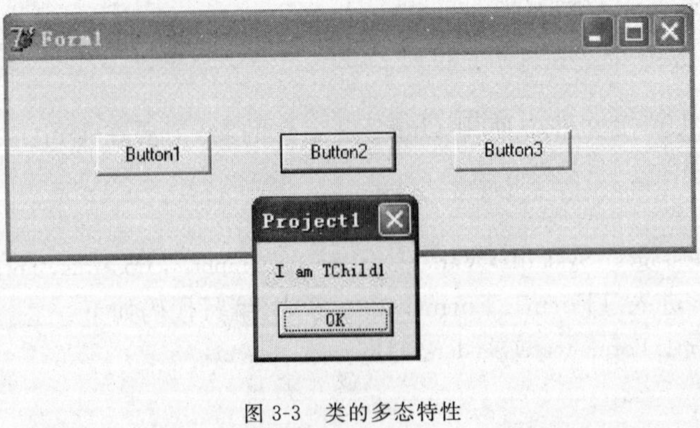

图 3-3　类的多态特性

◎ 操作步骤

(1)启动 Delphi 程序,会自动新建一个窗体程序。

(2)在代码编辑器中编写三个类,TBase,TChild1,TChild2,后两个类都继承于第一个类 TBase,编写代码如下:

```
unit Unit1;
interface
uses
    Windows, Messages, SysUtils, Variants, Classes, Graphics, Controls, Forms, Dialogs,
    StdCtrls;
type
    TForm1 = class(TForm)
        Button1: TButton;
        Button2: TButton;
        Button3: TButton;
        procedure Button1Click(Sender: TObject);
        procedure Button2Click(Sender: TObject);
        procedure Button3Click(Sender: TObject);
    private
        { Private declarations }
    public
        { Public declarations }
    end;
    //定义三个类,后两个类都继承于第一个类 TBase
    TBase = class
        //加上 virtual 指示字,说明这个方法可能会被修改(或覆盖),这种方法叫虚方法
        procedure alert; virtual;
    end;
    TChild1 = class(TBase)
        // override 表示修改父类的同名方法
        procedure alert; override;
    end;
    TChild2 = class(TBase)
        procedure alert; override;
    end;
var
    Form1: TForm1;
implementation
{$R *.dfm}
{ TBase }
procedure TBase.alert;
begin
    //同一个方法,在不同类里有不同的实现
```

```
      ShowMessage('I am Base');
  end;
{ TChild1 }
procedure TChild1.alert;
begin
    ShowMessage('I am TChild1');
end;
{ TChild2 }
procedure TChild2.alert;
begin
    ShowMessage('I am TChild2');
end;
//测试 1:
procedure TForm1.Button1Click(Sender:TObject);
var
    base:TBase;{定义 TBase 的变量}
begin
    base := TBase.Create;
    base.alert;{TBase}
    base.Free;
end;
//测试 2:
procedure TForm1.Button2Click(Sender:TObject);
var
    base:TBase;              {注意:还是定义 TBase 的变量}
begin
    base := TChild1.Create;{但这里是通过 TChild1 建立对象}
    base.alert;{TChild1}
    base.Free;
end;
//测试 3:
procedure TForm1.Button3Click(Sender:TObject);
var
    base:TBase;              {注意:还是定义 TBase 的变量}
begin
    base := TChild2.Create;{但这里是通过 TChild2 建立对象}
    base.alert;{TChild2}
    base.Free;
end;
end.
```

在三个 Button 的 click 事件中,我们都是调用了 base 对象的 alert 方法,却得到了不同的功能,这就是多态的作用。

第二篇　应用提高篇

模块四

窗 体

　　Delphi 窗体是用户进行程序设计时的窗口,是各种组件和控件及其代码的载体,几乎所有的应用程序都是以窗体对象为基础进行程序开发的。

　　在设计期间,窗口通常称为窗体,在程序运行期间,一般称为窗口。窗体本身也是对象,具有属性、方法和事件,通过使用属性和方法可以设计符合要求的应用程序窗体。我们可以直接在对象观察器中修改属性和方法,也可以在代码中设置属性及调用方法。

☞ **本模块学习要点**
1. 窗体的属性和事件
2. 窗体的设计

项目一　　窗体的属性和事件

（建议:2 课时）

　　窗体是用户设计应用程序界面的地方,Delphi 中,每个窗体都有一个窗体文件(. dfm)和一个单元文件(. pas)。窗体文件保存着窗体和窗体上每一个组件的属性,单元文件则是用户编写窗体的事件处理过程的地方。

　　启动 Delphi,系统自动新建一个新窗体,并以默认的尺寸和标准来初始化窗体。用户可以在设计阶段或运行阶段设置窗体的属性。

一、窗体的常用属性

1. 与窗体位置、大小相关的属性

窗体对象提供了 4 个属性用来设置其位置和大小,如图 4-1 所示。（图中 Delphi 最大化）

Left:设置窗体左上角的 x 坐标。

Top:设置窗体左上角的 y 坐标。

Height:设置窗体的高度。

Width:设置窗体的宽度。

2. 与窗体显示相关的属性

如图 4-2 所示,与窗体显示相关的属性主要有 Visible,Color,Font。

Visible:设置窗体是否可见。

Color:设置窗体的颜色。

Font:设置窗体的字体。

3. 与窗体外观相关的属性

与窗体外观相关的属性主要有 WindowState,FormStyle,BorderIcons 和 Caption。

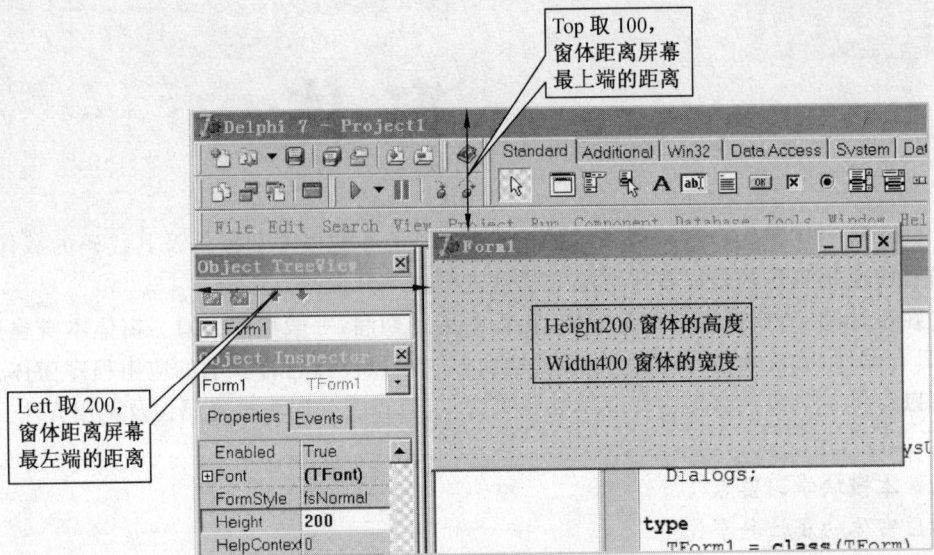

图 4-1　窗体的位置、大小属性的设置

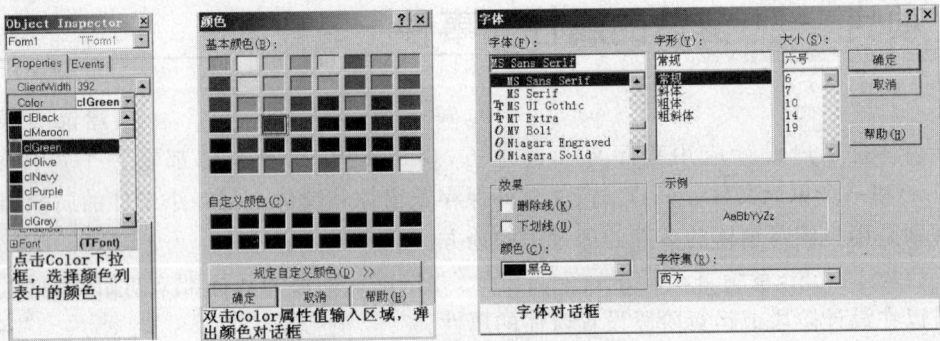

图 4-2　窗体的颜色、字体属性的设置

WindowState：设置窗体初始化时的显示状态，取值范围如下：

- wsNormal：表示正常状态，即窗体会按照设计时的大小显示
- wsMaximized：表示运行时窗体会最大化显示
- wsMinimized：表示运行时窗体会最小化显示

FormStyle：设置窗体的风格，取值范围如下：

- fsNormal：表示窗体是普通窗体
- fsMDIChild：表示窗体是多文档子窗体
- fsMDIForm：表示窗体是多文档父窗体
- fsStayOnTop：表示窗体将始终处于桌面的上方

BorderIcons：设置窗体标题栏显示的按钮，取值范围如下：

- biSystemMenu：表示包含"系统菜单"，即窗体标题栏最左端的下拉菜单
- biMinimize：表示窗体只包含"最小化"按钮
- biMaximize：表示窗体只包含"最大化"按钮

Caption：设置窗体标题栏显示的标题文字。

窗体的常用属性见表 4-1。

表 4-1   窗体的常用属性

属性	说明
BorderStyle	设置窗体的边界风格
Caption	用于设置显示在窗体标题栏上的文字
Height	设置窗体的高度
width	设置窗体的宽度
Left	设置窗体左上角的 x 坐标
Top	设置窗体左上角的 y 坐标
Color	设置窗体的背景颜色
BorderIcons	决定窗体是否有系统菜单、最小化按钮、最大化按钮和帮助按钮
ClientHeight	设置用户区的高度，以像素为单位
Clientwidth	设置用户区的宽度，以像素为单位
Ctl3D	有 Ture 和 False 两种取值，用于决定窗体是否有三维效果
Cursor	设置窗体可用的各种光标
Enabled	决定窗体是否可响应事件
Font	设置窗体上所用的字体、字体颜色、字符大小及字体的一些其他特征
Formstyle	设置窗体风格
HorzScrollBar	设置窗体水平滚动条的各种属性
VerScrollBar	设置窗体垂直滚动条的各种属性
Icon	决定窗体被最小化后的显示图标
Menu	决定当前窗体使用哪个菜单作为主菜单
Name	命名窗体及组件对象，所有组件都有该属性
Position	设置窗体的显示位置
Visible	决定窗体在运行时是否可见

【任务一】

练习设置窗体的属性。

◎ 操作步骤

（1）启动 Delphi 程序，会自动新建一个窗体程序。

（2）通过 Object Inspector 窗口，设置 Form 的属性如下：

Height：300

Width：200

Left：350

Top：400

Color：clSkyBlue

Font：字体：隶书；字形：粗体；大小：16；颜色：红色

Caption：窗体属性

(3)在窗体上新增一个 Label 控件,Label 的 Caption 设置为"属性设置测试",运行程序。最终效果如图 4-3 所示。

图 4-3　属性设置测试

❖思考:

修改窗体的 WindowState 属性和 BorderIcons 属性,观察窗体修改后的运行显示效果。

二、窗体的常用事件

在 Delphi 中,事件是一种将发生的动作跟代码相连的机制。在程序运行的时候,一个事件是一个与某种过程相关联的名字,如果发生了指定的事件,系统就会调用这个过程来处理这个事件。

设计窗体时,在对象观察器中的对象选择器列表中选定窗体,点击对象观察器中的 Events 标签,就会显示出窗体的所有事件,双击属性值一栏就会弹出相应事件的代码编辑窗口,可在其中编写此事件对应的处理代码。

窗体的常用事件根据功能分类,有窗体激活相关事件、窗体关闭相关事件、鼠标相关事件、键盘相关事件和拖动相关事件。

1.窗体激活时的相关事件

窗体激活时会发生一系列的事件,以下这些事件按一定顺序发生:

OnCreate:当窗体创建时发生该事件。一般将整个程序的初始化工作放在主窗体的 OnCreate 中进行处理,如初始化组件和窗体成员变量、读入将要用到的图形资源、赋值变量等。

OnShow:当窗体显示时发生该事件。当窗体的 Visible 属性为 True 时,窗体被显示,同时触发 OnShow 事件;当窗体的 Visible 属性设置为 False 时,窗体被隐藏,同时触发 OnHide 事件。

OnActivate:窗体激活(获得焦点)时发生该事件,一般用于处理窗体获得焦点时的变化。

OnPaint:当窗体画面重新绘制时发生该事件。

OnResize:当窗体大小变化时发生该事件。一般用于处理用户调整窗体大小时的组件变化。

2.窗体关闭时的相关事件

窗体关闭时会发生一系列的事件,以下这些事件按一定顺序发生:

OnCloseQuery:在窗体关闭之前发生该事件,提示是否关闭窗体。

OnClose:窗体关闭时触发此事件,选择关闭方式。

OnDeactivate:窗体失去焦点时触发此事件,用于处理焦点失去时的显示变化。

OnDestroy:窗体释放时触发此事件,一般用于处理内存清理等工作。

3.鼠标相关事件

OnClick:用户在窗体中单击鼠标时会触发此事件。

OnDblClick:用户在窗体中双击鼠标时会触发此事件。

OnMouseDown:处理鼠标按下时触发的事件。

OnMouseMove:处理鼠标在窗体上移动时触发的事件。

OnMouseUp:处理释放鼠标按键时触发的事件。

OnMouseWheel:处理鼠标轮滚动时触发的事件。

OnMouseWheelDown:处理鼠标轮向下滚动时触发的事件。

OnMouseWheelUp:处理鼠标轮向上滚动时触发的事件。

4.键盘相关事件

OnShortCut:用户单击快捷键时触发此事件。

OnKeyDown:用户按下某键时触发此事件。

OnKeyPress:用户单击某键时触发此事件。

OnKeyUp:用户释放某键时触发此事件。

5.拖动相关事件

OnDragDrop:用户释放在窗体中被拖动的对象时触发此事件。

OnDragOver:用户在窗体上拖动一个控件时触发此事件。

OnDockDrop:当其他对象移入到窗体对象时触发此事件。DockSite 属性为 True 时生效。

OnDockOver:当其他对象在窗体对象上拖动时触发此事件。DockSite 属性为 True 时生效。

【任务二】

练习使用窗体的事件。

◎ 操作步骤

(1)启动 Delphi 程序,会自动新建一个窗体程序。

(2)通过 Object Inspector 窗口,查看 Events 选项卡,找到 OnCreate,在其右侧的输入框内双击鼠标左键,自动生成过程"procedure TForm1. FormCreate(Sender：TObject);",在其中编写代码如下:

```
procedure TForm1. FormCreate(Sender：TObject);
begin
  with Form1 do
  begin
    Height：＝300;
    Width：＝300;
    Left：＝200;
    Top：＝400;
```

```
        Caption:='窗体事件的使用';
    end;
end;
```

(3)查看 Events 选项卡,找到 OnCloseQuery,在其右侧的输入框内双击鼠标左键,自动生成过程"procedure TForm1.FormCloseQuery(Sender:TObject;var CanClose:boolean);",在其中编写代码如下:

```
procedure TForm1.FormCloseQuery(Sender:TObject;var CanClose:boolean);
begin
    if MessageDlg('确认退出?',mtWarning,[mbYes,mbNo],0)=mrYES then
        CanClose:=True
    else
        CanClose:=False;
end;
```

(4)查看 Events 选项卡,找到 OnClick,在其右侧的输入框内双击鼠标左键,自动生成过程"TForm1.FormClick(Sender:TObject);",在其中编写代码如下:

```
procedure TForm1.FormClick(Sender:TObject);
begin
    ShowMessage('您点击了窗体!');
end;
```

(5)在窗体上添加一个 TLabel 组件,Font 属性设置为:宋体、五号。查看 Events 选项卡,找到 OnKeyPress,在其右侧的输入框内双击鼠标左键,自动生成过程"TForm1.FormKeyPress(Sender:TObject;var Key:char);",在其中编写代码如下:

```
procedure TForm1.FormKeyPress(Sender:TObject;var Key:char);
begin
    Label1.Caption:='您按的键是:['+Key+']。';
end;
```

最终运行效果如图 4-4 所示。

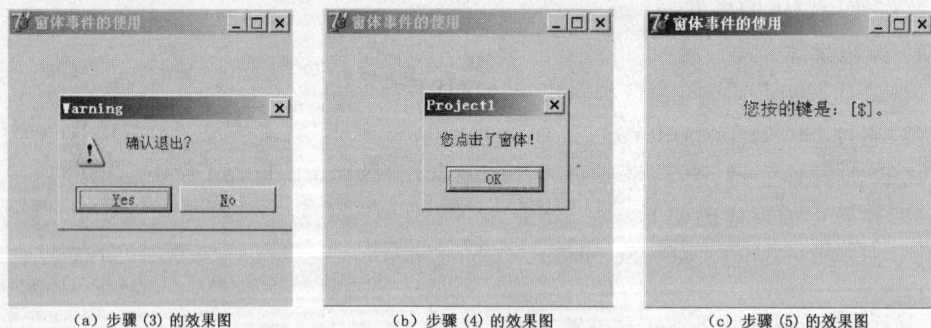

(a) 步骤(3)的效果图　　　　(b) 步骤(4)的效果图　　　　(c) 步骤(5)的效果图

图 4-4　窗体事件的运行效果

项目二　设计窗体

（建议：2 课时）

用户设计 Delphi 中的窗体，主要就是添加组件、编辑组件和设置组件的属性。因此，Delphi 组件是用户进行窗体设计必不可少的元素。Delphi 组件分为控件和非控件两类。控件也称为可见组件，是指程序运行时能以设计时的形状显示出来的组件，如常用的按钮类组件，文本框组件和复选框组件等。非控件也称为不可见组件，是指在程序运行时不可见或需要写一些代码在运行时才能显现的组件，如计时器组件和对话框组件等。

一、新建窗体

当启动 Delphi 程序，或者单击"New"菜单下的"New Application"命令开始一个新项目时，会新建一个空白窗体。

如果要在当前项目中新建一个空白窗体，可以单击"File"菜单下的"New Form"命令，或者单击工具栏上的"New Form"按钮 ▭ 。窗体的属性设置可参考"项目一"。

二、添加组件

当设置完窗体的属性，可以往窗体中添加组件，通常有 3 种方法：

· 双击组件面板上的组件图标，所选组件就会以缺省的标准和大小放置在窗体的正中间。

· 单击组件面板上的组件图标，再在窗体上想放置组件的位置单击一下窗体，所选组件就会以缺省的标准和大小放置在那里。

· 按住 Shift 键，再单击要添加的组件，之后把鼠标移到窗体上，每单击一次鼠标即可放置一个组件，连续点击鼠标，可以放置多个组件。最后用鼠标单击组件面板上的左侧箭头标记按钮 ▨ ，即可脱离连续放置组件的状态。

三、编辑组件

1. 选定组件

编辑组件之前先要选定组件，有以下几种方法：

· 当组件在窗体的最上层时，选中组件，组件四周会出现 8 个黑色小方块的控点表示该组件被选定。

· 当组件甲被组件乙完全覆盖时，若要选中组件甲，先右键单击组件乙，在快捷菜单中选择"Control"→"Send To Back"命令，组件甲就到了窗体表面，可被选中。

· 选中多个组件，按住鼠标左键拖动鼠标，会出现一个选线矩形框，圈中需要选中的多个组件即可。或者按住 Shift 键，依次单击要选定的组件。

2. 调整大小

选中组件，拖动控点即可改变组件的大小；选中组件，按住 Shift 键，同时按方向键可

模块四　窗体设计　**93**

精确调整组件的大小。

3. 调整位置

选中组件，用鼠标拖动组件即可调整位置；选中组件，按住 Ctrl 键，同时按方向键可精确调整组件的位置。

4. 删除组件

选定组件，按 Delete 键即可删除组件。如果错删了组件，在进行其他编辑工作之前，可用"Edit"菜单下的"Undelete"命令恢复。

5. 复制、剪切和粘贴组件

可用"Edit"菜单下的"Copy"、"Cut"和"Paste"命令来复制、剪切和粘贴组件。

6. 锁定组件

为确保窗体中的各个组件的位置不会因为误操作而变动，可用"Edit"菜单下的"Lock Controls"命令锁定控件。再次使用该命令可解除锁定。

四、设置组件属性

在设计窗体时，可以通过 Object Inspector 窗口中的下拉框选定某个组件，通过设置属性、事件选项卡中的值来对组件的属性、事件进行设置，或者在代码编辑器中编写代码对组件的属性、事件进行设置。

【任务】

显示学生信息输入窗口。

◎ 操作步骤

（1）启动 Delphi 程序，会自动新建一个窗体程序。

（2）直接在 Object Inspector 窗口中修改窗体属性，窗体的标题 Caption 改为"学生信息输入窗口"，Left 和 Top 属性都设置为 300，Width 属性设置为 300，Height 属性设置为 350，Font 属性设置为：宋体，五号。

（3）添加 TLabel，TEdit，TRadioGroup，TCombobox 等组件，并调整大小、位置，主要属性设置见表 4-2。

表 4-2　　　　　　　　　　　　　　　　组件设置

组件	属性	属性值	组件	属性	属性值
Label1	Caption	姓名：	Edit1	Text	" "
Label2	Caption	政治面貌	Edit2	Text	" "
Label3	Caption	入团时间：	Updown1	Associate	Edit2
Label4	Caption	年龄：		Caption	性别
ComboBox1	Text	" "	RadioGroup1	Items	男　女
DateTimePicker1	Date	2008-10-20		Columns	2
BitBtn1	Caption	提交	BitBtn2	Caption	取消
	Kind	bkOK		Kind	bkCancel

通过设置 RadioGroup1 的 Items 属性，可以生成"男"、"女"两个选项，为了实现选项的水平排列，设置其 Columns 属性为 2。ComboBox 的下拉选项我们采用代码生成的方式，最终显示效果如图 4-5 所示。

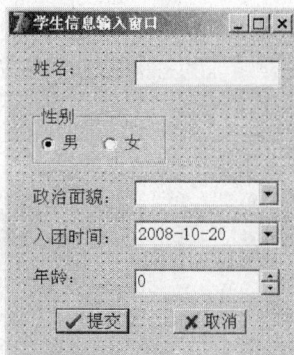

图 4-5　学生信息输入窗口的显示效果

（4）双击窗体，进入过程"procedure TForm1.FormCreate(Sender：TObject)；"，编写代码如下：

```
procedure TForm1.FormCreate(Sender：TObject)；
begin
  //入团时间的相关内容初始化时隐藏
  Label3.Visible：=False；
  DateTimePicker1.Visible：=False；
  //初始化下拉框的选项内容
  with ComboBox1.Items do
  begin
    Add('群众')；
    Add('共青团员')；
    Add('中共党员')；
    Add('其他')；
  end；
end；
```

（5）当政治面貌选择"共青团员"时，下面会显示"入团时间"等相关组件；选择其余选项时，则隐藏"入团时间"等相关组件。为了实现这一效果，双击 ComboBox1 组件，进入过程"procedure TForm1.ComboBox1Change(Sender：TObject)；"，编写代码如下：

```
procedure TForm1.ComboBox1Change(Sender：TObject)；
begin
  if (ComboBox1.Text='共青团员') then
  begin
    Label3.Visible：=True；
    DateTimePicker1.Visible：=True；
  end
  else
  begin
    Label3.Visible：=False；
    DateTimePicker1.Visible：=False；
  end；
end；
```

运行效果如图 4-6 所示。

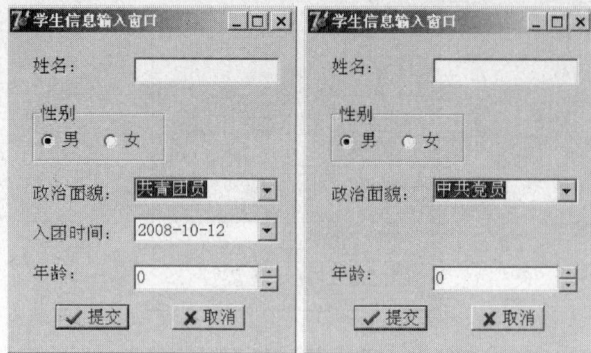

图 4-6　不同政治面貌的显示方式

（6）双击"提交"按钮，进入过程"procedure TForm1. BitBtn1Click（Sender：TObject）；"，编写代码如下，弹出对话框显示用户输入的信息。

```
procedure TForm1. BitBtn1Click(Sender：TObject)；
var
    msgStr：string；
begin
    msgStr：='姓名：'+Edit1. Text+Chr(13)；
    msgStr：=msgStr+'性别：'+RadioGroup1. Items[RadioGroup1. ItemIndex]+Chr(13)；
    msgStr：=msgStr+'政治面貌：'+ComboBox1. Text+Chr(13)；
    if (ComboBox1. Text='共青团员') then
        msgStr：=msgStr+'入团时间：'+DateToStr(DateTimePicker1. Date)+Chr(13)；
    msgStr：=msgStr+'年龄：'+Edit2. Text；
    ShowMessage(msgStr)；
end；
```

运行效果如图 4-7 所示。

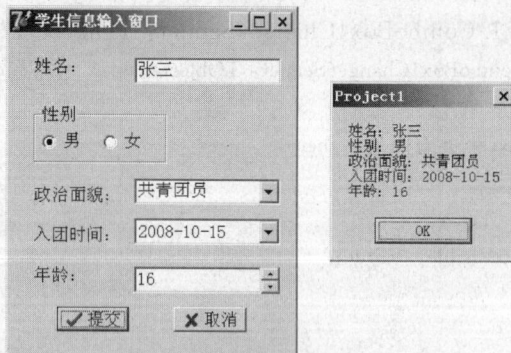

图 4-7　显示输入信息

❖思考：

若点击"取消"按钮后，用户输入的信息全部清空，此功能如何实现？

【实战一】

设计一个可拖动的无标题栏窗体。

◎ 操作步骤

（1）设置无标题栏的窗体，将窗体的 BorderStyle 属性设置为 bsNone。此时运行窗体，窗体是无法拖动的。

（2）使用程序来实现拖动效果。

①在单元文件接口区应用消息处理函数：

```
public
    procedure wmlbuttondown(var Msg：TMessage)；message wm_lbuttondown；
```

②编写代码如下：

```
procedure TForm1.wmlbuttondown(var Msg：TMessage)；
begin
    Perform(WM_NCLBUTTONDOWN,HTCAPTION,0)；
end；
```

注意：

（1）Perform()：VCL 的 Perform()方法适用于任何 TControl 派生对象。Perform()能够向任何一个窗件或控件发送消息，只需要知道窗体或控件的实例。

Perform()需要传递 3 个参数：消息标识符，wParam 和 lParam。

WM_LBUTTONDOWN 是在左击客户区时响应；WM_NCLBUTTONDOWN 是在左击非客户区时响应。

客户区：BorderStyle＝2 的 Form 中，标题栏（即 Caption 栏）就是非客户区，标题栏以外的窗体就是客户区。

【实战二】

实现一个半透明的渐显窗体设计。

✿ 实现说明

很多专业软件在启动前都会显示一个说明该软件信息或用途的窗口，或是一个漂亮的启动界面。

✿ 技术要点

本例使用 AlphaBlend 这个 API 函数实现窗体从透明到半透明的显示变化。首先，在窗体中添加一个 TImage 组件，该组件用于显示图片。然后，在窗体显示时利用循环的方法使窗体从透明到半透明慢慢地过渡，这样就实现了渐显的效果。在循环过程中，用 AlphaBlend 函数使窗体达到透明的效果。

◎ 操作步骤

（1）新建一个程序，在窗体添加 TImage 组件和 TButton 组件。

（2）设置 TImage 组件的 Align 的属性为 alClinet，设置 Stretch 属性为 True。

（3）编写代码如下：

```
procedure TForm1. OnEraseBkgnd(var Message：TWMEraseBkgnd);
begin
    Message. Result：=0；
end；


procedure TForm1. Button1Click(Sender：TObject)；
var
    bf：_BLENDFUNCTION；
    nWidth：integer；
    nHeigth：integer；
    nCount：integer；
    C：integer；
begin
    nWidth：=Form1. Image1. Width；
    nHeigth：= Form1. Image1. Height；
    bf. BlendOp：=AC_SRC_Over；
    nCount：=20；  //透明度
    bf. BlendFlags：=0；
    bf. SourceConstantAlpha：=nCount；          //设置透明度等于 nCount
    bf. AlphaFormat：=0；
for c：=1 to 15 do
begin
    windows. AlphaBlend(Form1. Canvas. Handle,0,0,nWidth,nHeigth,Form1. Image1.
        Canvas. Handle,0,0,Form1. Width,nHeigth,bf)；          //使目标透明
    end；
end；


procedure TForm1. Button2Click(Sender：TObject)；
begin
    close；
end；
```

常用组件

Delphi 为用户提供了大量组件,用户利用这些组件可以快速开发各类应用程序,提高开发效率。因此,了解和掌握各类组件的属性和用法是学好 Delphi 的关键。Delphi 中按照组件的可视性可分为控件和非控件两大类,按作用可分为文本显示类组件,按钮类组件和列表类组件等。

☞**本模块学习要点**

1.文本显示类组件

2.按钮类组件

3.列表类组件

项目一　　文本显示类组件

（建议:2 课时）

在 Delphi 中,通常使用 TLabel(标签)组件,TEdit(文本框)组件和 TMemo(备注框)组件来显示、输入文本,三者均位于组件面板的 Standard 选项卡上,图标如图 5-1 所示。TLabel 组件用于显示一个只读的字符串,TEdit 组件用于显示、编辑单独的一行文本,TMemo 组件用于显示、编辑多行文本。

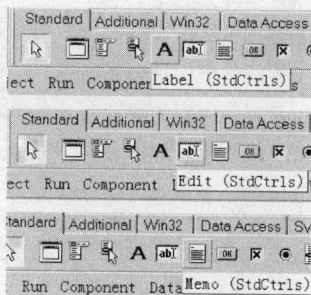

图 5-1　文本显示类组件图标

一、TLabel(标签)组件

TLabel 组件的常用属性见表 5-1。

表 5-1　　　　　　　　　　　　　　　　**TLabel 组件常用属性**

属性	数据类型	说明
Caption	String	标签的标题,即标签的显示内容
FocusControl	String	为一些无标题的组件提供快捷键
AutoSize	Boolean	标签是否随字体的变化而自动变动尺寸
Font	TFont	决定标签的字体格式和大小

FocusControl 用法举例:在 Label1 的 Caption 属性中设置快捷键,Label1 组件的 FocusControl 属性设置为 Edit1,这样程序运行时,一按 Label1 的快捷键,Edit1 就能获得焦点。

二、TEdit(编辑框)组件

TEdit 组件的常用属性见表 5-2。

表 5-2   TEdit 组件常用属性

属性	数据类型	说明
Text	String	编辑框中显示的内容
MaxLength	Integer	编辑框的最大字符数,缺省为 0 不限长度
PasswordChar	Char	显示口令字符,缺省为♯0 表示正常显示
ReadOnly	Boolean	确定编辑框是否只读,缺省为 False 表示可读写

TEdit 组件的常见事件如下:

OnKeyPresss:编辑框中输入文本时触发此事件。

OnChange:编辑框文本发生改变时触发此事件。

OnEnter:编辑框获得输入焦点时触发此事件。

OnExit:编辑框失去输入焦点时触发此事件。

三、TMemo(备注框)组件

TMemo 组件可以编辑多行文本,常用属性见表 5-3。

表 5-3   TMemo 常用属性

属性	数据类型	说明
Alignment	TAlign	决定备注框中显示文本的对齐方式
Lines	TStrings	备注框中出现的文本
ScrollBars	TScrollStyle	确定备注框的滚动条及其样式
WordWrap	Boolean	决定文本到右边界时是否自动换行
WantReturn	Boolean	决定文本中是否可以插入回车符
WantTabs	Boolean	决定文本中是否可以插入 Tab 符

TMemo 组件的常见事件见表 5-4。

表 5-4   TMemo 组件常见事件

方法	说明
SelText	备注框中被选中的文本
SelLength	备注框中被选中的文本长度
CutToClipboard	把备注框中被选中的文本剪切到剪贴板
CopyToClipboard	把备注框中被选中的文本复制到剪贴板
PasteFromClipboard	把剪贴板的内容粘贴到备注框中光标所在的位置

【任务一】

使用标签的 FocusControl 属性为编辑框提供焦点。效果如图 5-2 所示。

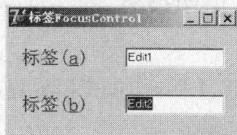

图 5-2　标签 FocusControl 属性

◎ 操作步骤

(1)在窗体中添加 2 个 TLabel 组件,用于为各自对应的 TEdit 组件提供焦点。Font 属性设置为:宋体,四号。

(2)在窗体中添加 2 个 TEdit 组件,用于接收焦点。

(3)设置 Label1 的 FocusControl 为 Edit1,Label2 的 FocusControl 为 Edit2(点击 FocusControl 右侧的下拉列表即可选择组件)。

(4)设置 Label1 的 Caption 属性为"标签(&a)",显示效果为"标签(a)","&"后跟的字符会添加下划线,此时可用快捷键 ALT＋a 来使用 Label1 的 FocusControl 属性指定的组件获取焦点。设置 Label2 的 Caption 属性为"标签(&b)"。

(5)运行程序,通过快捷键 ALT＋a,ALT＋b 即可在 Edit1 和 Edit2 之间切换焦点。学生可以根据自己的需要设置不同的快捷键,并观察效果。

【任务二】

使用 TLabel 组件和 TEdit 组件设计一个简单的用户注册界面。效果如图 5-3 所示。

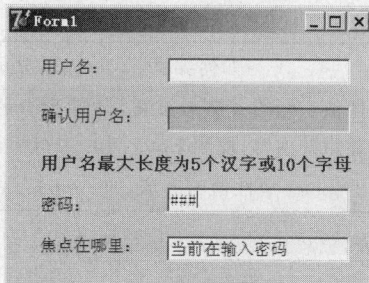

图 5-3　简单用户注册界面

◎ 操作步骤

(1)设置窗体的 Font 属性设置为:宋体,四号。若窗体上的组件没有设置 Font 属性,则会沿用窗体的 Font 属性。

(2)参考图 5-3 添加 5 个 TLabel 和 4 个 TEdit 组件,修改 TLabel 组件的 Caption 属性。

(3)为了限制用户名的长度,设置 Edit1(即"用户名"右侧的 TEdit 组件)的 Max-Length 属性为 10。

(4)当输入用户名时,"确认用户名"右侧的 Edit2 中同步显示输入的内容,因此选中 Edit1,查看事件列表,编写 OnChange 事件的代码如下:

```
procedure TForm1.Edit1Change(Sender: TObject);
begin
```

```
Edit2. Text：＝Edit1. Text；
```
end；

（5）Edit2 只需同步显示 Edit1 中的内容，将 Edit2 的 ReadOnly 属性设置为 True，Color 属性设置为 clSilver。

（6）Edit3 用于接收输入的密码，PasswordChar 设置为"♯"。当用户输入密码时，Edit3 中就会以"♯"显示用户输入的密码。

（7）Edit4 用于显示当前焦点在哪里，如"当前在输入用户名"，"当前在输入密码"等。需要在 Edit1 和 Edit3 的 OnEnter、OnExit 事件中编写代码，代码举例如下：

```
procedure TForm1. Edit1Enter(Sender：TObject)；
begin
    Edit4. Text：＝'当前在输入用户名'；
end；
procedure TForm1. Edit1Exit(Sender：TObject)；
begin
    Edit4. Text：＝''；
end；
```

❖思考：

如何修改 Edit3 的相关事件，使 Edit4 中可以显示"当前在输入密码"？

【任务三】

通过 TEdit 组件接收用户输入的内容，输入到 TMemo 组件中，对其内容进行编辑。编辑方法见表 5-5，效果如图 5-4 所示。

表 5-5   TMemo 组件内容编辑

阶段	如何编辑 TMemo 的显示内容
设计阶段	单击 Lines 属性值右侧的省略号按钮，打开 String List editor（字符编辑器）窗口，编辑 TMemo 显示的内容，使用 Enter 键可强行换行
运行阶段	调用 TMemo 的 Lines 属性值的方法，如 Add，Clear，Delete，Insert 等

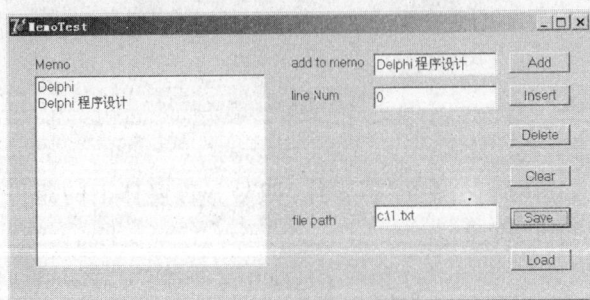

图 5-4　MemoTest 对话框

◎ 操作步骤

（1）在窗体上添加 4 个 TLabel，3 个 TEdit，1 个 TMemo 和 6 个 TButton 组件。

（2）4 个 TLabel 组件分别用来标识 Memo1 组件，需要加入 Memo1 的内容，行号和输入输出的文件路径。

(3)"add to memo"右侧的显示内容是 Edit1 组件中需要加入 Memo1 的内容,当点击"Add"按钮后,Edit1 组件中的内容添加到 Memo1 中的最后一行,代码如下:

```
procedure TForm1. Button1Click(Sender: TObject);
begin
if Edit1. Text <> '' then
    Memo1. Lines. Add(Edit1. Text);
end;
```

(4)"Insert"按钮的功能是将 Edit1 中的内容插入到 Memo1 的指定行,行号根据"line Num"右侧的 Edit2 中的数值,函数 strToint 可以将 String 类型转换成 Integer 类型,代码如下:

```
procedure TForm1. Button6Click(Sender: TObject);
begin
if Edit1. Text <> '' then
    Memo1. Lines. Insert(strTPoint(Edit2. Text), Edit1. Text);
end;
```

(5)"Memo1. Lines. Delete(Index:integer);"语句可以删除 Memo1 中 Index 指定的行,此处实现删除末行的功能,在删除前需判断 Memo1 中是否有内容,代码如下:

```
procedure TForm1. Button2Click(Sender: TObject);
begin
if Memo1. Lines. Count > 0 then
    Memo1. Lines. Delete(Memo1. Lines. Count - 1);
end;
```

(6)"Save"按钮的功能是将 Memo1 中的所有内容输出到指定文件中,代码如下:

```
procedure TForm1. Button4Click(Sender: TObject);
begin
    if Edit3. Text <> '' then
    begin
        Memo1. Lines. SaveToFile(Edit3. Text);
    end;
end;
```

(7)"Load"按钮的功能是将指定文件中的所有内容输入到 Memo1 中,代码如下:

```
procedure TForm1. Button5Click(Sender: TObject);
begin
    if Edit3. Text <> '' then
    begin
        Memo1. Lines. LoadFromFile(Edit3. Text);
    end;
end;
```

❖思考:

"Clear"按钮的功能是删除 Memo1 中的所有内容,如何实现?若"Delete"按钮的功能是删除 Edit2 中指定的行,如何实现?

项目二　　按钮类组件

（建议：2 课时）

Delphi 中常用的按钮类组件有 TButton（命令按钮）组件，TRadioButton（单选按钮）组件，TCheckBox（复选框）组件。其中，TButton 命令按钮组件用于为用户提供选择执行的命令，通常称为命令按钮。

一、TButton（命令按钮）组件

1. TButton 组件的常用属性

TButton 组件位于组件面板的 Standard 选项卡上，其图标为 ⊡，常用属性见表 5-6。

表 5-6   TButton 组件常用属性

属性	数据类型	说明
Name	String	按钮的名称，可以在程序中使用它
Caption	String	按钮的标题，就是在按钮上显示的文本，可以为按钮指定快捷键（在标题文本某一字符前加符号"&"）
Enabled	Boolean	当属性值为 False 时，按钮被设置为灰显，即无法单击或选中它
Cancel	Boolean	当属性值为 True 时，无论何时按下 Esc 键，按钮中 Taborder 值最小的按钮都会产生 OnClick 事件，缺省值为 False
Default	Boolean	当属性值为 True，且按下 Enter 键时，当前按钮产生 OnClick 事件，缺省值为 True
Hint	String	保存按钮的提示文本，当鼠标光标停留在按钮上时，显示提示文本
ShowHint	Boolean	决定是否显示提示文本，缺省值为 False

2. TButton 组件的常见事件

OnClick：当按钮被点击时触发此事件。

OnMouseMove：当鼠标移过按钮时触发此事件。

3. 相关知识点

Random 随机函数的语法形式为：

function Random [（Range：integer）]；

其中，参数 Range 为整数，该函数返回值也为整数，其范围为：

$0 < = Random(Range) < Range$（指定 Range）

$0 < = Random < 1$（不带参数 Range）

Random()用来取得随机数，不过如果多运行几次就会发现每次取得的随机数都是一样的。这是因为系统的随机种子没有改变，每次运行都是从同一个随机种子取的数。Ramdomize 用来改变随机种子，这样每次取得的随机数就不同了。

例如：

Randomize;//重新生成随机种子（任何随机数生成都和随机种子有关）

Random(X);//生成一个随机整数，范围在 0～X 之间，包括 0

inc(i);//将 i 的值加 1,等同于 i:=i+1

IntToStr(n);//可以将 Integer 类型的值转换成 String 类型

ShowMessage(str:string);//可以弹出消息框,显示 str 指定的内容

【任务一】

实现一个"抓不住的调皮鬼"游戏,程序运行时,用鼠标去点击"调皮鬼"(TButton),"调皮鬼"总是点不中。效果如图 5-5 所示。

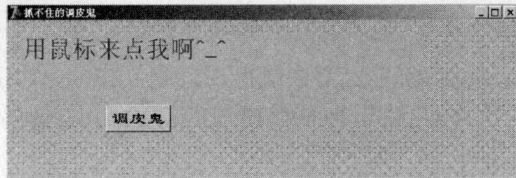

图 5-5 抓不住的调皮鬼

◎ 操作步骤

(1)在窗体上添加 1 个 TLabel 组件,1 个 TButton 组件。

(2)设置组件的属性,见表 5-6。

表 5-7 组件属性设置

对象	属性	属性值
窗体	Caption	抓不住的调皮鬼
	Color	clSkyBlue
Label1	Caption	用鼠标来点我啊^_^
	Font	红色,字号 20
Button1	Caption	调皮鬼
	Font	三号,隶书

(3)为了使鼠标点不中按钮,需要编写 Button1 的 OnMouseMove 事件,代码如下:

```
procedure TForm1.Button1MouseMove(Sender:TObject;Shift:TShiftState;X,Y:integer);
var
  i,newX,newY:integer;
begin
  Randomize;
  // 计算新的坐标
  newX:=Random(self.Width-Button1.Width);
  newY:=Random(self.Height-Button1.Height);
  // 改变 Button1 的坐标
  Button1.Left:=newX;
  Button1.Top:=newY;
  inc(i);
  Label1.Caption:='用鼠标来点我啊^_^,没抓到,哈哈! 你已经'+IntToStr(i)+'次没抓到我了!';
end;
```

（4）程序运行后，焦点在按钮上，此时按空格键相当于用鼠标点中按钮，都会执行按钮的 OnClick 事件，代码如下：

```
procedure TForm1.Button1Click(Sender：TObject)；
begin
    ShowMessage('调皮鬼被抓住了！但你作弊了吧，不许用键盘！')；
end；
```

二、TRadioButton(单选按钮)组件

TRadioButton(单选按钮)组件通常成组出现且相互排斥，让用户在其中选择唯一的一个选项。有两种方法实现单选，一种是使用 TRadioButton 组件，另一种是使用 TRadioGroup(单选按钮组)组件。

1. 使用 TRadioButton 组件，它位于组件面板的 Standard 选项卡上，其图标为 ⊙ 。

TRadioButton 组件被选中时，其 Checked 属性值为 True。在窗体上直接放置 TRadioButton 组件，Delphi 会将它们看作一个组，每次只能选中一个。

除了在窗体中直接放置该组件，我们还可以在 TGroupBox(组框)组件(在 Standard 选项卡上，其图标为 ▢)中放置或者在 TPanel(面板)组件(在 Standard 选项卡上，其图标为 ▢)中放置。

2. 使用 TRadioGroup 组件，它位于组件面板的 Standard 选项卡上，其图标为 ▤ 。

TRadioGroup(单选按钮组)组件使用比较方便，其常用属性见表 5-8。

表 5-8 　　　　　　　　　　TRadioGroup 组件常用属性

属性	数据类型	说明
Caption	String	单选按钮组的名称
Columns	Integer	单选按钮组中的列数
ItemIndex	Integer	单选按钮组中当前被选中的单选按钮
Items	TStrings	单选按钮组中的单选按钮列表

【任务二】
使用 TRadioButton 组件实现三组互不干扰的单选按钮，效果如图 5-6 所示。

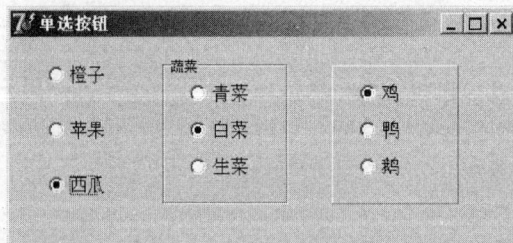

图 5-6　单选按钮

◎ 操作步骤

(1)在窗体上添加 3 个 TRadioButton 组件,分别修改其 Caption 属性。

(2)在窗体上添加一个 TGroupBox 组件,修改其 Caption 属性值为"蔬菜",添加 3 个 TRadioButton 组件,修改其 Caption 属性。

(3)在窗体上添加一个 TPanel 组件,选中后添加 3 个 TRadioButton 组件,分别修改其 Caption 属性。

(4)运行程序,测试三组单选按钮。

三、TCheckBox(复选框)组件

当需要在一系列的选项中选择多于一个时,就要使用 TCheckBox 组件,它位于组件面板的 Standard 选项卡上,其图标为 ☒ ,其常用属性见表 5-9。

表 5-9　　　　　　　　　　　　　　TCheckBox 组件常用属性

属性	数据类型	说明
Alignment	TLeftRight	控制复选框标题位置
Allowgrayed	Boolean	决定复选框是否可以处于灰显
Checked	Boolean	决定复选框是否被选中,缺省为 False
State	TCheckBoxState	决定复选框状态(选中、未选中、灰显)

【任务三】

使用 TRadioGroup 组件和 TCheckBox 组件完成用户注册界面,效果如图 5-7 所示。

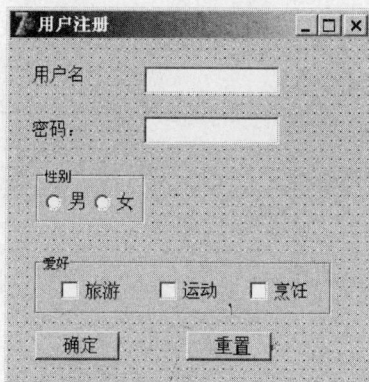

图 5-7　用户注册界面

◎ 操作步骤

(1)在窗体上添加 2 个 TLabel 组件,参考图例修改其 Caption 属性;添加 2 个 TEdit 组件,清空其 Text 属性。

(2)添加一个 TRadioGroup 组件,修改其 Caption 属性为"性别";点开 Items 属性右侧的编辑框,输入"男""女"两行文字。将 Columns 属性设置为 2,将 2 个选项水平排列。

(3)添加一个 TGroupBox 组件,修改其 Caption 属性为"爱好";选中窗体中的 GroupBox 组框,添加 3 个 TCheckBox 组件,参考例图修改其 Caption 属性。

(4)当点击"确定"按钮时,弹出提示框,显示用户输入的各项信息,实现 Button1 的 OnClick 事件,代码如下,运行效果如图 5-8 所示。

```
procedure TForm1.Button1Click(Sender: TObject);
var
    str:string;
begin
    str:='用户名:'+Edit1.Text+#13;
    str:=str + '密码:'+Edit2.Text+#13;
    if RadioGroup1.ItemIndex >= 0 then
        str:=str + '性别:'+RadioGroup1.Items[RadioGroup1.ItemIndex] + #13;
    str:=str + '爱好:';
    if CheckBox1.Checked then
        str:=str + CheckBox1.Caption+',';
    if CheckBox2.Checked then
        str:=str + CheckBox2.Caption+',';
    if CheckBox3.Checked then
        str:=str + CheckBox3.Caption+',';
    str:=str + #13;
    ShowMessage(str);
end;
```

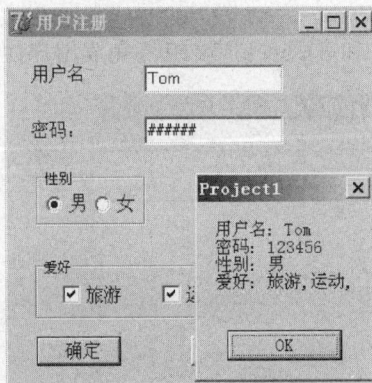

图 5-8　用户注册的运行效果

❖思考:

(1)如何修改 TCheckBox 组件的相关属性,使选项名称出现在复选框的左侧?

(2)实现"重置"按钮的功能,点击后清空窗体中所有 Edit 编辑框的内容。

项目三　列表类组件

(建议:2 课时)

当供选择的选项很多时,单选按钮组件和复选框组件就不适用了,因为会占据非常大的空间,此时使用列表类组件可以在较小的空间中容纳大量的选项。

一、TListBox(列表框)组件

TListBox(列表框)组件位于组件面板的 Standard 选项卡上,其图标为 ▣ ,其常用属性见表 5-10。

表 5-10　　　　　　　　　　　　　TListBox 组件常用属性

属性	数据类型	说明
ExtendedSelect	Boolean	确定用户是否可以选择连续的多个选项,缺省为 False
Items	TStrings	列表框中的选项列表
ItemIndex	Integer	列表框中当前被选中的选项
MultiSelected	Boolean	确定列表框是否可以多项选择,缺省为 False
SelCount	Integer	返回选中项目个数,如果 MultiSelected 为 False,则为一1
Selected	Boolean	确定列表框中某个项目是否被选中
Sorted	Boolean	确定列表框中的内容是否按字母顺序排列,缺省 False

【任务一】

使用 TListBox 组件完成一个简单的点菜系统,效果如图 5-9 所示。

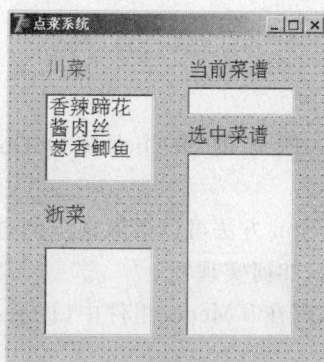

图 5-9　点菜系统

◎ 操作步骤

(1)设置窗体的 Font 属性为:宋体,四号;设置 Caption 属性为"点菜系统"。

(2)添加 4 个 TLabel 组件,参考例图修改其 Caption 属性和 Font 属性。

(3)在"川菜"和"浙菜"下各添加一个 TListBox 组件,用于列出可选择的菜肴;"当前菜肴"下添加一个 TEdit 组件,用于列出当前查看的菜肴;"选中菜肴"下添加一个 TMemo 组件,列出所有选中要点的菜肴。

(4)"川菜"下的 ListBox1,在设计阶段就要编辑好菜肴名称。点开 Items 右侧的属性值编辑框中的省略号按钮,打开 String List editor(字符串编辑器)窗口,参考例图添加三个菜名,用 Enter 键换行。

(5)单击 ListBox1 中某个菜名时,"当前菜谱"下的 Edit1 中显示当前点击的菜肴,因此,编写 ListBox1 的 OnClick 事件,代码如下:

```
procedure TForm1. ListBox1Click(Sender：TObject);
```

```
begin
    Edit1. Text：＝ListBox1. Items. Strings[ListBox1. itemIndex];
end；
```

（6）双击 ListBox1 中的某个菜名时，被双击的菜名添加到 Memo1 中，因此，编写 ListBox1 的 OnDblClick 事件，代码如下：

```
procedure TForm1. ListBox1DblClick(Sender：TObject);
begin
    Memo1. Lines. Add(ListBox1. Items. Strings[ListBox1. itemIndex]);
end；
```

（7）"浙菜"下的 ListBox2，在程序运行阶段才添加菜肴名称，编写 TForm 窗体的 OnCreate 事件，代码如下：

```
procedure TForm1. FormCreate(Sender：TObject);
begin
    with ListBox2. Items do
    begin
        Add('莲枣肉方');
        Add('卤猪耳朵');
        Add('干菜焖肉');
    end；
end；
```

（8）参考 ListBox1，实现 ListBox2 的 OnClick 和 OnDblClick 事件。

❖思考：

（1）TListBox 的 ClearSelection 方法可以清除选项的选中状态，点击"川菜"时，清除"浙菜"中的选择状态，反之亦然，如何实现？

（2）如何防止重复的菜肴出现在 TMemo 组件中（提示：IndexOf）？

二、TComboBox（组合框）组件

TComboBox（组合框）组件位于组件面板的 Standard 选项卡上，其图标为 🖾。

TComboBox 组件不仅提供多个选项供选择，也允许用户在编辑框中直接输入选项。当用户单击该编辑框右边的下拉箭头时，就会显示一个包含所有选项的下拉列表。其常用属性见表 5-11。

表 5-11 TComboBox 组件常用属性

属性	数据类型	说明
Text	String	编辑框中的字符串
SelText	String	被选中的字符串
SelStart	Integer	被选中字符串的起始位置
SelLength	Integer	被选中字符串的长度
Style	TComboBoxStyle	确定组合框的样式

对于 TComboBox 组件的 Style 属性,Delphi 提供了 5 种属性值,见表 5-12。

表 5-12   Style 属性

取值	说明
csDropDown	普通的组合框,带有一个编辑框和下拉列表
csDropDownList	与 csDropDown 相似,但不能在编辑框中输入文本
csSimple	只有一个编辑框和列表框,该列表框不是下拉式的
csOwnerDrawFixed	下拉列表中各选项高度由 ItemHeight 属性决定
csOwnerDrawVariable	下拉列表中各选项及编辑框的高度可变

【任务二】

使用 TComboBox 组件完成一个好友管理系统,如图 5-10 所示。

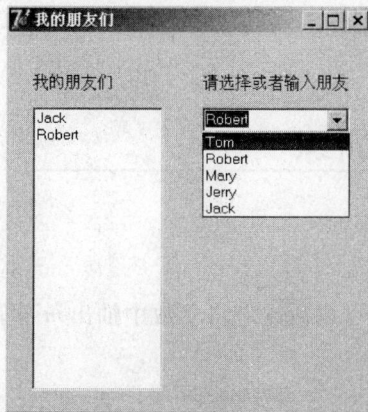

图 5-10   好友管理系统

◎ 操作步骤

(1)在窗体上添加 2 个 TLabel 组件,分别修改其 Caption 属性。

(2)左侧添加一个 TListBox 组件,用于列出"我的朋友们",初始时无内容。

(3)右侧添加一个 TComboBox 组件,设计时添加 3 个选项,"Tom"、"Mary"、"Jack"。在程序运行时修改 TComboBox 组件的选项,插入 2 个人名"Robert"、"Jerry",令 TComboBox 组件的选项排列如例图所示,代码如下:

```
procedure TForm1. FormCreate(Sender: TObject);
begin
  ComboBox1. Items. Insert(1,'Robert');
  ComboBox1. Items. Insert(3,'Jerry');
end;
```

(4)点击 ComboBox1 中的下拉列表,选中某个选项后,选项自动添加到左侧的 List-Box1 中,编写 ComboBox1 的 OnSelect 事件,代码如下:

```
procedure TForm1. ComboBox1Select(Sender: TObject);
begin
```

```
        ListBox1. Items. Add(ComboBox1. Text);
    end;
```

（5）用户也可以在 ComboBox1 中输入新的朋友名字，按 Enter 键后添加到 ListBox1 中，编写 ComboBox 的 OnKeyDown 事件，代码如下：

```
procedure TForm1. ComboBox1KeyDown(Sender：TObject；var Key：Word；Shift：TShiftState)；
begin
    if Key=VK_RETURN then
    begin
        ListBox1. Items. Add(ComboBox1. Text);
    end;
end;
```

❖思考：

（1）只有添加 ComboBox1 中没有的人名时，才会添加到 ListBox1 中，如何实现？

（2）如何在添加新人名到 ListBox1 的同时，将其添加到 ComboBox1 的下拉列表中？

项目四　　实战训练

（建议：2 课时）

【实战一】

编写一个万能摇号软件，可以从 n 个自然数中抽出 m 个幸运数，$n>= m$，如图 5-11 所示。

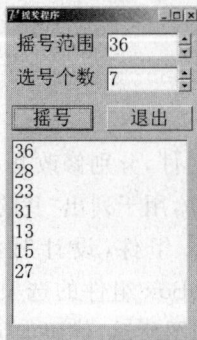

图 5-11　万能摇号

有些场合需要用户在 TEdit 组件中输入数字，但用户可能输入非数字或预期外的数字，此时可以用 TUpDown 组件配合 TEdit 组件使用，使用户方便、正确地输入预期数字。

TUpDown（微调）组件位于组件面板的 Win32 选项卡上，其图标为 🔼，通过将微调组件和编辑型组件组合在一起，可形成数字编辑框，所以又称组合型数字编辑框。其常用属性见表 5-13。

表 5-13　　　　　　　　**TUpDown 组件常用属性**

属性	数据类型	说明
Associate	TWinControl	用于组合的编辑型组件
Increment	Integer	单击微调按钮时数字每次增加或减小的步长
Max	Integer	数字的最大值
Min	Integer	数字的最小值
THousands	Boolean	数字是否使用分节号(千分符)

◎ 操作步骤

(1)设置窗体的 Font 属性为:宋体,20;设置 Caption 属性为"摇奖程序"。

(2)在窗体上添加 2 个 TLabel 组件,分别修改其 Caption 属性为"摇号范围"、"选号个数"。

(3)在"摇号范围"右侧添加 Edit1 组件和 UpDown1 组件,设置 UpDown1 的 Associate 属性为 Edit1,Min 属性设置为 1,Max 属性默认为 100,Increment 默认为 1,表示用户通过 UpDown1 可调节的数字从 1 到 100,每次加减幅度为 1。同学们也可以根据自己的需要设置 Min,Max,Increment 三个属性值。

(4)在窗体上增加 2 个 TButton 和一个 TListBox 组件,实现"摇号"按钮的功能。首先取"摇号范围"、"选号个数"后两个 TEdit 组件中的数值,使用随机数函数取"摇号范围"内的随机数,加到 ListBox1 中显示出来。如果 ListBox1 中已经有此随机数,则重新抽取随机数,直到抽取的随机数个数等于"选号个数",代码如下:

```
procedure TForm1. Button1Click(Sender: TObject);
var
  luckyNum,maxNum,count:integer;
begin
  count:=StrToInt(Edit2. Text);
  maxNum:=StrToInt(Edit1. Text);
  Randomize;
  ListBox1. Items. Clear;
  while (count > 0) do
  begin
    luckyNum:=Random(maxNum)+1;
    if (ListBox1. Items. IndexOf(IntToStr(luckyNum))= -1) then
    begin
      ListBox1. Items. Add(IntToStr(luckyNum));
      dec(count);
    end;
  end;
end;
```

❖ 思考:

(1)如何防止用户不用 TUpdown 组件而直接在 Edit1 中输入数字?

（2）如何确保 Edit2 中的数值不大于 Edit1 中的数值，即"选号个数"不大于"摇号范围"？

【实战二】

编写一个金曲评选软件，用户通过 TEdit 组件输入喜欢的歌曲，添加到"候选曲目"对应的 TListBox 组件中，通过一组按钮，可以在"候选曲目"和"已选曲目"间移动歌曲，且可以在"已选曲目"中对选择的歌曲进行排序，最终点击"提交"小结用户选择的歌曲。程序界面如图 5-12 所示。

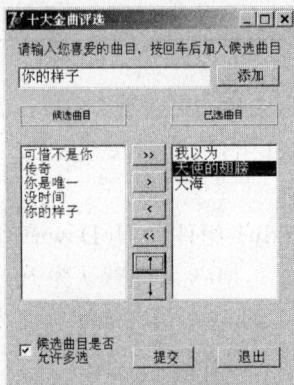

图 5-12　金曲评选

◎ 操作步骤

（1）设置窗体的 Font 属性为：宋体，五号；设置 Caption 属性为"十大金曲评选"。

（2）添加一个 TLabel 组件，修改其 Caption 属性为"请输入您喜爱的曲目，按回车后加入候选曲目"。

（3）添加一个 TEdit 组件，用于输入歌曲名称，右侧添加一个"添加"按钮。当点击"添加"按钮时，Edit1 内的歌曲名称就被添加到"候选曲目"下方的 ListBox1 中。

（4）添加一个 TPanel 组件，设置其 Caption 属性为"候选曲目"，BevelInner 属性为 bvLowered，"已选曲目"也是如此设置。

（5）在"候选曲目"和"已选曲目"下各添加一个 TListBox 组件，两者之间添加 6 个 TButton 组件，适当调整 TButton 组件的大小和 Caption 属性。

（6）窗体下方增加一个 TCheckBox 组件，Caption 属性设置为"候选曲目是否允许多选"。添加 2 个 TButton 组件，分别设置属性为"提交"和"退出"。

（7）实现"添加"按钮的 OnClick 事件，代码如下：

```
procedure TForm1. Button1Click(Sender：TObject)；
begin
  if Edit1. Text <> '' then
    ListBox1. Items. Add(Edit1. Text)；
end；
```

（8）用户输入完歌曲后按 Enter 键也可以实现添加的功能，因此，实现 Edit1 的 OnKeyDown 事件，代码如下：

```
procedure TForm1. Edit1KeyDown(Sender：TObject；var Key：word；Shift：TShiftState)；
```

```
begin
if Key=VK_RETURN then
  Button1Click(nil);
end;
```

(9)">>"按钮的功能是将左侧的所有歌曲移动到右侧,代码如下:

```
procedure TForm1.Button2Click(Sender:TObject);
var i:integer;
begin
// 将 ListBox1 中的数据复制到 ListBox2 中
for i:=0 to ListBox1.Count-1 do
  ListBox2.Items.Add(ListBox1.Items.Strings[i]);
// 删除 ListBox1 中的数据
while ListBox1.Count>0 do
  ListBox1.Items.Delete(0);
end;
```

(10)">"按钮的功能是将左侧选中的歌曲移动到右侧,代码如下:

```
procedure TForm1.Button3Click(Sender:TObject);
var i:integer;
begin
for i:=ListBox1.Items.Count-1 downto 0 do
  if ListBox1.Selected[i] then
  begin
    ListBox2.Items.Add(ListBox1.Items.Strings[i]);
    ListBox1.Items.Delete(i);
  end;
end;
```

(11)"↑"按钮的功能是选中的歌曲与上一个歌曲交换位置,代码如下:

```
procedure TForm1.Button7Click(Sender:TObject);
begin
// 思考:为什么是">0"
if ListBox2.ItemIndex>0 then
  ListBox2.Items.Exchange(ListBox2.ItemIndex,ListBox2.ItemIndex-1);
end;
```

(12)"提交"按钮的代码如下:

```
procedure TForm1.Button9Click(Sender:TObject);
var i:integer;s:string;
begin
  if ListBox2.Count=0 then
    ShowMessage('您没有选择任何曲目,请选择!')
  else
  begin
    s:='您选择了'+IntToStr(ListBox2.Count)+'首曲目,'+#13;
```

```
    for i:=0 to ListBox2.Count-1 do
        s:=s+'《'+ListBox2.Items.Strings[i]+'》'+#13;
    ShowMessage(s);
  end;
end;
```

(13)"退出"按钮的代码如下:

```
procedure TForm1.Button10Click(Sender:TObject);
begin
    close;
end;
```

❖思考:

(1)如何实现"<<"按钮、"<"按钮和"↓"按钮的功能?

(2)如何实现 TCheckBox 组件的功能,控制 TListBox 组件可以多选?

菜单、工具栏和状态栏

在一些常用的软件中包含菜单、工具栏和状态栏,它们为用户提供了方便快捷的操作平台。菜单集成了程序开发的全部命令和功能;工具栏放置了菜单中的一些常用的操作,以方便用户使用;而状态栏显示的是软件的一些基本信息。

☞**本模块学习要点**

1.级联菜单

2.单选菜单和复选菜单

3.弹出式菜单

4.工具栏的基本使用方法

5.状态栏的基本使用方法

■ 项目一   使用菜单

(建议:2 课时)

菜单是 Windows 应用程序窗口上最重要的组成部分,为用户提供访问程序的快捷方式,是不可缺少的组件。合理地设计菜单可以将应用程序中的各种命令进行组织、分类,从而避免多个命令放置在窗体上造成操作界面杂乱。

在 Delphi 中,菜单封装在 TMainMenu(主菜单)和 TPopMenu(弹出式菜单)类中,可以通过菜单设计器来设计菜单。

一、主菜单

1. TMainMenu(主菜单)组件位于组件面板的 Standard 选项卡上,其图标为 ▊ ,对其双击鼠标左键,即可在窗体上添加该组件。

2. 设计时,双击窗体上的主菜单组件打开该组件的窗体设计器窗口(图 6-1),即可设计主菜单了。

3. 用户可以通过对象查看器中的 Caption 属性更改菜单的显示名称。

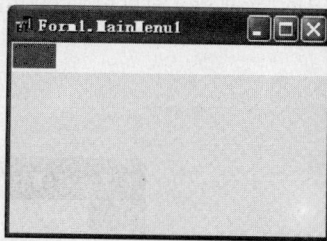

图 6-1　主菜单窗体设计器窗口

二、快捷菜单

1. TPopupMenu(快捷菜单)组件位于组件面板的 Standard 选项卡上,其图标为 ▊ ,对其双击鼠标左键,即可在窗体上添加该组件。

2.设计时,双击(鼠标左键)窗体上的快捷菜单组件打开该组件的窗体设计器窗口(图 6-2),即可设计快捷菜单了。

图 6-2　快捷菜单窗体设计器窗口

【任务一】
设计如图 6-3 所示的菜单效果。

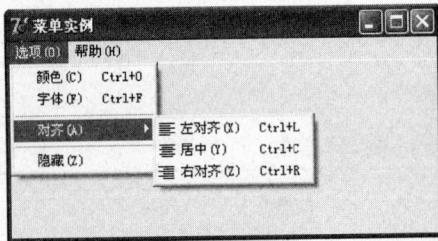

图 6-3　菜单效果

◎ 操作步骤

(1)在窗体中添加一个 TMainMenu 组件,并打开该组件的窗体设计器窗口。

(2)用鼠标选中菜单窗体设计器窗口左上角的蓝色区域(图 6-4(a))。

(3)在对象查看器窗口,选择其 Caption 属性,并将其设置为"选项(&O)",将 Name 属性设置为"mmiOption",如图 6-4(b)所示。菜单标题中的 $\&\%XX$(其中,$\&\%XX$ 表示菜单标题可支持的任何字符)表示用户可以按组合键 $Alt+\%XX$ 打开菜单。例如,图 6-3 中的"选项"命令可以通过组合键 $Alt+O$ 激活。

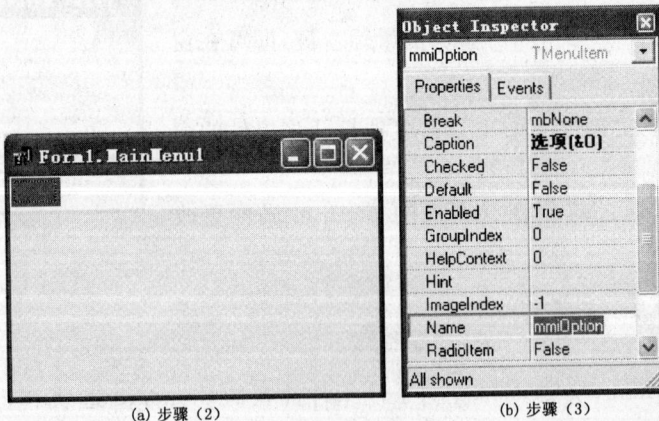

(a)步骤(2)　　　　(b)步骤(3)

图 6-4　对象查看器

这样，就完成了"选项"菜单组的设计工作，如图 6-5 所示为已经建立了"选项"菜单组的菜单设计器窗口。

图 6-5　菜单设计器窗口

（4）同理设计"帮助"菜单组。

（5）选择"选项"菜单组，此时在"选项"菜单组下面将出现一个空菜单项（即自动增加的没有标题的菜单项），单击"选项"菜单组下的空菜单项，如图 6-6(a) 所示。

（6）在对象查看器窗口将当前选择的空菜单项的 Caption 属性设置为"颜色(&C)"，Name 实现设置为"mmiColor"，ShortCut 属性设置为"Ctrl＋O"，这样就为"选项"菜单组创建了一个子菜单项，如图 6-6(b) 所示。

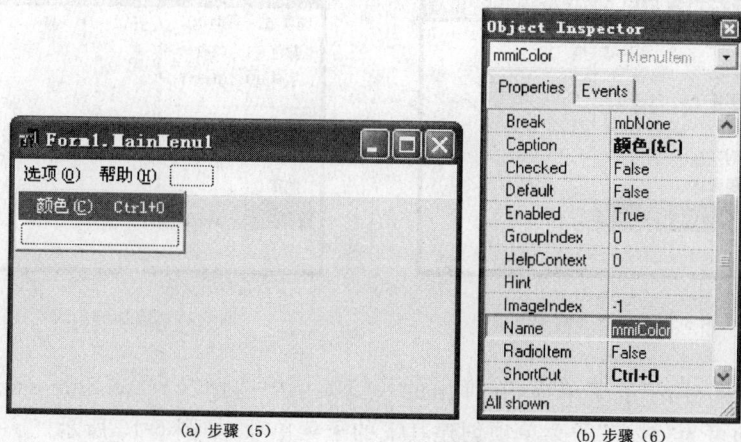

(a) 步骤（5）　　　　　　(b) 步骤（6）

图 6-6　子菜单项对象查看器

（7）同理设计"选项"菜单组的其他子菜单项和"帮助"菜单组的子菜单项，如图 6-7 所示。

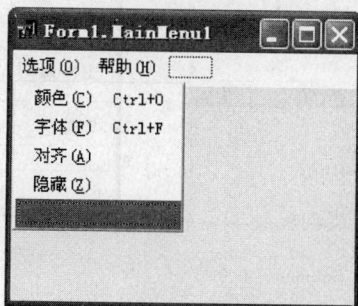

图 6-7　设计子菜单项

模块六　菜单、工具栏和状态栏　119

(8)右击"对齐"子菜单项,在弹出的快捷菜单中选择"Insert"命令,如图 6-8 所示,即可在"对齐"子菜单项前增加一个空白菜单项,如图 6-9 所示。

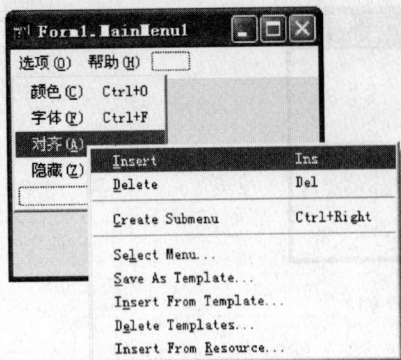

图 6-8　选择"Insert"命令

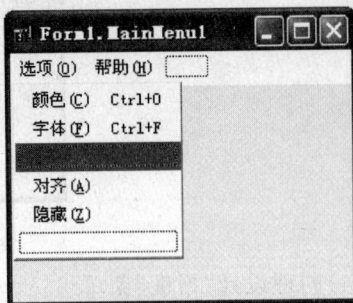

图 6-9　插入空白子菜单项

(9)将该空菜单项的 Caption 属性设置为"一",就可创建一个分割子菜单项,如图 6-10 所示。

(10)同理在"对齐"和"隐藏"之间增加分割线,如图 6-11 所示。

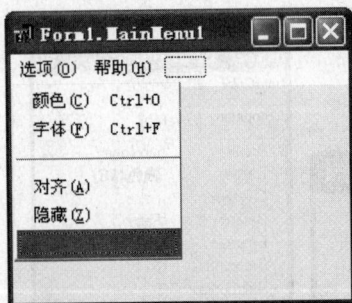

图 6-10　创建分割子菜单项

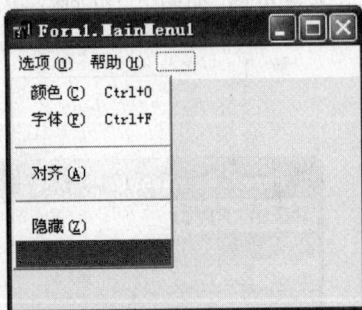

图 6-11　增加分割线

(11)右击"对齐"子菜单项,在弹出的快捷菜单中选择"Create Submenu"命令,如图 6-12 所示,即可为"对齐"子菜单项创建其下的子菜单项,如图 6-13 所示。

图 6-12　选择"Create Submenu"命令

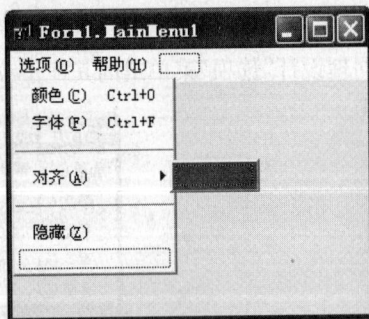

图 6-13　创建子菜单项

(12)设计子菜单项的方法和设计"选项"菜单组的方法完全相同,因此可以按照上述方法创建子菜单项,如图 6-14 所示。

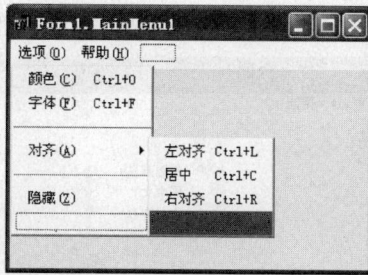

图 6-14　创建其他子菜单项

（13）为显示带有图标的子菜单项要添加位图列表组件。在窗体上增加一个位图列表组件 TImageList,它位于组件面板的 Win32 选项卡上,其图标为 ▣ 。双击位图列表组件可以打开位图列表编辑对话框,添加菜单中所需的所有位图,如图 6-15 所示,然后单击"OK"按钮保存设置。

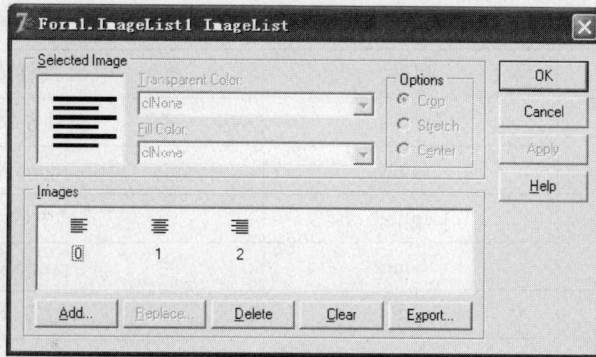

图 6-15　增加位图列表组件

（14）将主菜单组件的 Images 属性设置为"ImageList1",并在对象查看器窗口中将"左对齐"子菜单项的 ImageIndex 属性设置为适当的位图,如图 6-16 所示。

图 6-16　设置 ImageIndex 属性

（15）同理添加"居中"和"右对齐"子菜单项的位图。

（16）运行程序,观察设计效果。

【任务二】

为"任务一"添加快捷菜单,右击窗体时能弹出该菜单,效果如图 6-17 所示。

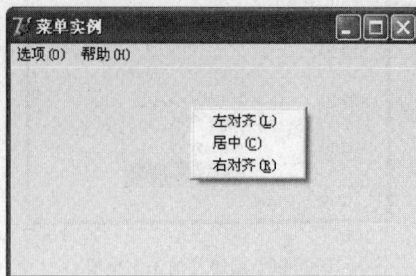

图 6-17　添加快捷菜单

◎ 操作步骤

(1)在窗体中添加一个 TPopupMenu(快捷菜单)组件,并打开该组件的窗体设计器窗口。

(2)用鼠标选中菜单窗体设计器窗口左上角的蓝色区域,按照表 6-1 设计快捷菜单。

表 6-1　　　　　　　　　　　　　　设计快捷菜单

菜单命令项	属性	属性值
左对齐	Caption	左对齐(&L)
	Name	pmmiAL
居中	Caption	居中(&C)
	Name	pmmiAC
右对齐	Caption	右对齐(&L)
	Name	pmmiAR

(3)设置 Form1 的 PopupMenu 属性为 PopupMenu1。

(4)运行窗体程序,单击鼠标右键可弹出刚才设计的快捷菜单。

【任务三】

在"任务二"的基础上添加 TMemo 组件,添加文字,完成菜单功能的实现,效果如图 6-18 所示。

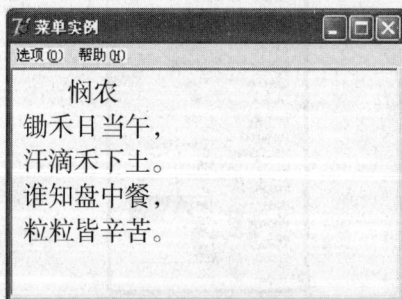

图 6-18　菜单实例显示效果

◎ 操作步骤

(1)在窗体中添加一个 TMemo 组件,并设置其 Font 的字体大小为 18。

（2）在 TMemo 组件中添加文字，当窗体加载时实现显示文字功能。

```
procedure TForm1.FormCreate(Sender：TObject)；
begin
    Memo1.Lines.Text：＝'    悯农    '＋Chr(13)＋'锄禾日当午,'＋Chr(13)＋
                        '汗滴禾下土.'＋Chr(13)＋
                        '谁知盘中餐,'＋Chr(13)＋
                        '粒粒皆辛苦.'＋Chr(13)；
end；
```

（3）实现"颜色"子菜单功能，设置 TMemo 组件的背景色。

①在窗体中添加 TColorDialog 组件。

②代码如下：

```
procedure TForm1.mmiColorClick(Sender：TObject)；
begin
    with ColorDialog1 do
    begin
        color：＝Memo1.Color ；
        if execute then
            Memo1.Color：＝color；
    end；
end；
```

（4）实现"字体"子菜单功能，能设置 TMemo 组件中的字体。

①在窗体中添加 TFontDialog 组件。

②代码如下：

```
procedure TForm1.mmiFontClick(Sender：TObject)；
begin
    with FontDialog1 do
    begin
        font：＝Memo1.Font ；
        if execute then
            Memo1.Font：＝font；
    end；
end；
```

（5）设计"对齐"子菜单中各项菜单的操作，同时，设计快捷菜单的同步操作。

①实现"对齐"子菜单中"左对齐"、"居中"、"右对齐"菜单的功能，代码如下：

```
procedure TForm1.mmiLeftClick(Sender：TObject)；
begin
    Memo1.Alignment：＝taLeftJustify；
    pmmiAL.Checked：＝True；
    pmmiAC.Checked：＝False；
    pmmiAR.Checked：＝False；
end；
```

```
procedure TForm1. mmiCenterClick(Sender：TObject);
begin
  Memo1. Alignment：＝taCenter;
  pmmiAL. Checked：＝False;
  pmmiAC. Checked：＝True;
  pmmiAR. Checked：＝False;
end;
procedure TForm1. mmiRightClick(Sender：TObject);
begin
  Memo1. Alignment：＝taRightJustify;
  pmmiAL. Checked：＝False;
  pmmiAC. Checked：＝False;
  pmmiAR. Checked：＝True;
end;
```

②设置快捷菜单,见表 6-2。

表 6-2   设置快捷菜单

菜单命令项	组件	事件	事件响应函数
左对齐	pmmiAL	OnClick	mmiLeftClick
居中	pmmiAC	OnClick	mmiCenterClick
右对齐	pmmiAR	OnClick	mmiRightClick

(6)运行程序,测试功能。

【独立练习】

在"任务三"的基础上增加"编辑"菜单项,效果如图 6-19 所示。

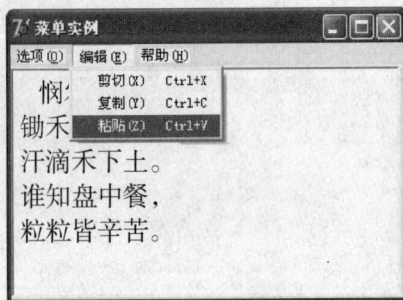

图 6-19 "编辑"菜单项

项目二　　使用工具栏和状态栏

(建议:2 课时)

目前大部分 Windows 应用程序中都包含工具栏和状态栏。工具栏(ToolBar)通常是一个位于主窗体上方,菜单栏下方的面板,其中包含了许多控制组件,尤其是按钮。工具栏可以使应用程序为用户提供一个简单、快捷的菜单命令,从而使用户有效地编制程序。状态栏(StatusBar)一般用来表示系统的状态信息,通常显示在窗体的底端。

一、工具栏

TToolBar（工具栏）组件位于组件面板的 Win32 选项卡上，其图标为 ，对其双击鼠标左键，即可在窗体上添加该组件。

二、状态栏

TStatusBar（状态栏）组件也位于组件面板的 Win32 选项卡上，其图标为 ，对其双击鼠标左键，即可在窗体上添加该组件。

【任务一】

在图 6-19 设计的效果上，增加如图 6-20 所示的工具栏。

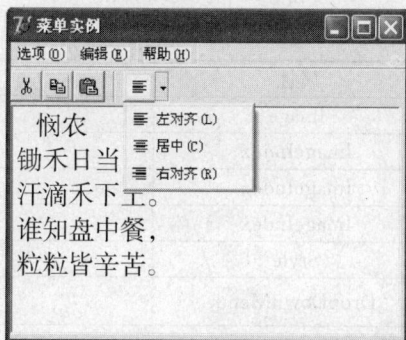

图 6-20　增加工具栏

◎ 操作步骤

（1）在窗体中添加一个 TToolBar 组件。

（2）在工具栏上添加快捷按钮，并设置这些按钮的属性。

鼠标右击工具栏组件，打开快捷菜单，如图 6-21 所示。如果要添加按钮，选择"New Button"命令；如果要添加分割条，选择"New Separator"命令。这里我们要添加 4 个按钮和 1 个分割条。

图 6-21　添加快捷按钮

因按钮上要显示图片,因此在现有的 TImageList 组件中添加所需的图片,如图 6-22 所示,并按表 6-3 进行属性设置。

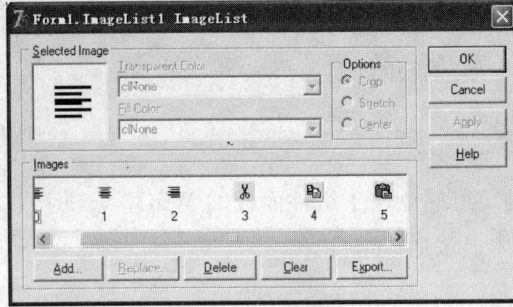

图 6-22　添加按钮图标

表 6-3　　　　　　　　　　　　　　设置属性

对象	属性	属性值
ToolBar1	Image	ImageList1
ToolButton1	ImageIndex	3
ToolButton2	ImageIndex	4
ToolButton3	ImageIndex	5
ToolButton4	Style	tbsDivider
ToolButton5	DropDownMenu	PopupMenu1
	ImageIndex	0
	Style	tbsDropDown

4.运行程序,观察效果。

【任务二】

为"任务一"的窗体增加状态栏,效果如图 6-23 所示。

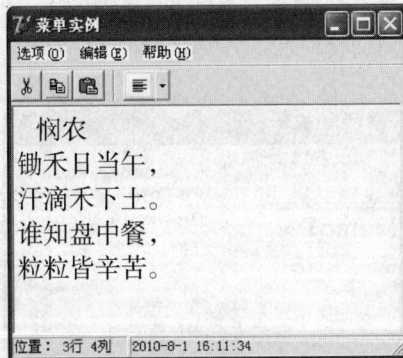

图 6-23　增加状态栏

◎ 操作步骤

(1)在窗体中添加一个 TStatusBar 组件。

(2)双击 StatusBar1 组件,为状态栏定义 2 个子面板,如图 6-24 所示,其中第一个子面板的 Width 设置为 100。效果如图 6-25 所示。

图 6-24　子面板

图 6-25　子面板效果

（3）往状态栏子面板中添加显示的内容。

在第一个子面板中显示当前鼠标在 Memo1 中的位置。

```
procedure TForm1. Memo1Click(Sender：TObject)；
begin
    StatusBar1. Panels[0]. Text：='位置：'+IntToStr(Memo1. CaretPos. y+1)+'行 '
        +IntToStr(Memo1. CaretPos. x)+'列'；
end；
```

在第二个子面板中显示当前的日期和时间。先在窗口中加入 Timer 组件，加入事件 Timer1Timer：

```
procedure TForm1. Timer1Timer(Sender：TObject)；
begin
    StatusBar1. Panels[1]. Text：=DateTimeToStr(Now)；
end；
```

（4）运行程序，观察效果。

项目三　实战训练

（建议：2 课时）

【实战】

结合上述关于菜单、工具栏和状态栏的知识，学生独立设计如图 6-26 所示的窗体。在原有窗体的基础上，增加工具栏、状态栏、"文件"菜单及其子菜单项，如图 6-27 所示。

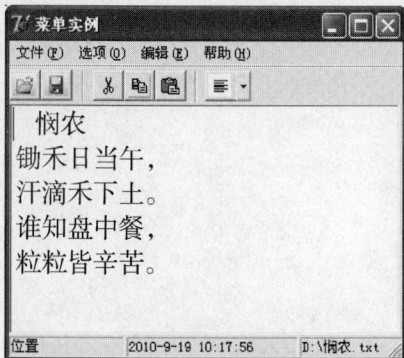

图 6-26　窗体效果

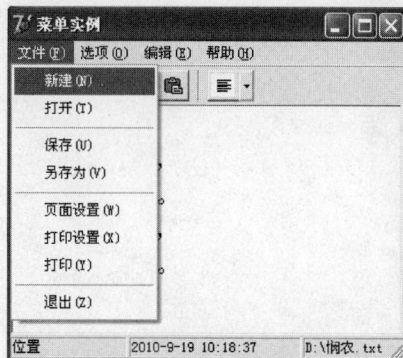

图 6-27　增加"文件"子菜单项

◎ 操作步骤

(1)打开原有的菜单窗体设计器窗口,添加如图 6-27 所示的菜单。

(2)在原有的工具栏上添加如图 6-26 所示的工具栏。

(3)在原有的状态栏中添加一个子面板,用于显示当前操作文件的文件名。

❖ 思考：

如何实现上述窗体中的具体功能呢？我们在"模块七"中将做进一步介绍。

模块七

模块七

对话框

在用户的交互界面中包括一些对话框,它们主要用于提供 Windows 用户与程序交互平台,对话框本质上是一种窗口,不但能接收消息,还能移动和关闭。

☞ **本模块学习要点**

1. 公共对话框,如"打开"对话框,"另存为"对话框,"字体"对话框等
2. Delphi 预定义的标准对话框,包括消息框和输入框

项目一　公共对话框

(建议:2 课时)

Delphi 的公共对话框组件被封装在 TCommonDialog 及其派生类中。Delphi 所提供的对话框组件共有 11 种,它们包括:TOpenDialog、TSaveDialog、TOpenPictureDialog、TSavePictureDialog、TFontDialog、TColorDialog、TPrintDialog、TPrinterSetupDialog、TFindDialog、TReplaceDialog、TPageSetupDialog。它们的图标依次如图 7-1 所示。

图 7-1　对话框组件面板

所有的对话框组件都是不可见的。当程序运行时也不会自动显示,需要用户调用 Execute()方法,方能在运行时看到真正的对话框。Execute()方法的返回值为布尔类型。当用户单击对话框中的"OK"按钮时,返回 True,而单击"Cancel"按钮或用系统菜单命令关闭对话框时返回 False。

一、"打开"对话框

1. TOpenDialog("打开"对话框)组件用于显示一个文件选择对话框。

2. TOpenDialog 组件的常用属性如下:

DefaultExt 属性:该属性用于指定一个默认的文件扩展名,主要用在当用户存盘不输入扩展名时,就以该指定扩展名作为默认的扩展名。

FileName 属性:该属性确定所选文件的路径或文件名。在打开对话框时,这个文件名出现在对话框的"文件名"框中。

Filter 属性:该属性用于设置文件的过滤器,在此设置打开文件的特定类型。选择 Filter 属性后面的小按钮将出现图 7-2 所示的对话框。

InitialDir 属性:该属性用于确定对话框的初始目录。

Options 属性:该属性用于确定对话框的基本属性设置。取值为 True 时的含义见表 7-1。

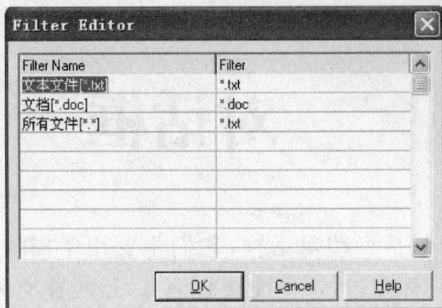

图 7-2　文件过滤

表 7-1 TOpenDialog 组件 Options 属性

取值	含义
ofReadOnly	只读复选框被选中
ofOverwritePrompt	当用户选择一个已存在的文件时,产生一个警告框,询问是否重写该文件
ofHideReadOnly	隐藏"打开"对话框中的只读复选框
ofNoChangeDir	当用户单击"OK"按钮后,重新设置当前路径为选择文件之前的路径
ofShowHelp	在对话框中显示"帮助"按钮
ofNoValidate	对于"打开"对话框中选择的文件名,不进行检查,允许非法的文件名
ofAllowMultiSelect	程序运行时用户可以同时选择多个文件
ofPathMustExist	当用户选择的文件目录不存在时,产生一个错误消息框
ofFileMustExit	当用户选择一个不存在的文件时,产生一个错误消息框
ofCreatePrompt	当用户选择一个不存在的文件时,产生一个消息框,询问是否创建新的文件
ofShareAware	当文件共享非法时,忽略共享错误,运行用户选择文件
ofNoReadOnlyReturn	当用户选择一个只读文件时,产生一个错误消息

二、"另存为"对话框

1. TSaveDialog("另存为"对话框)组件用于显示一个"另存为"对话框。

2. TSaveDialog 组件与 TOpenDialog 组件的特性和方法基本相同。

三、"字体"对话框

TFontDialog("字体"对话框)组件是用来设置选定文本的字体、字号、颜色等的对话框。"字体"对话框如图 7-3 所示。

四、"颜色"对话框

1. TColorDialog("颜色"对话框)组件用于设置选定对象的前景颜色和背景颜色。

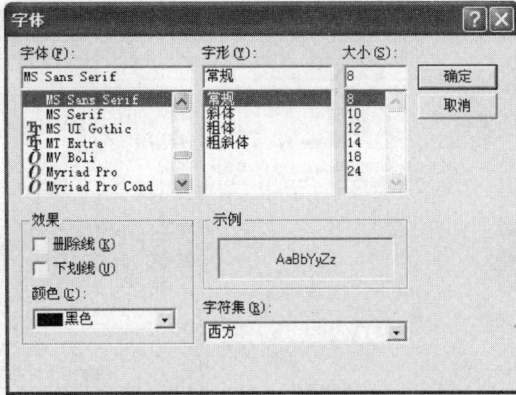

图 7-3 "字体"对话框

"颜色"对话框也是一个标准的对话框,如图 7-4 所示。

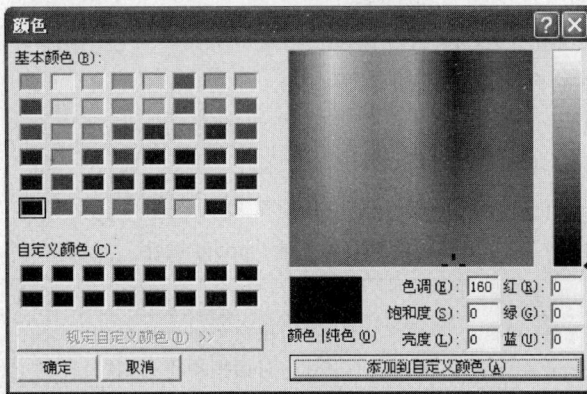

图 7-4 "颜色"对话框

2. TColorDialog 组件的 Options 属性取值为 True 时的含义见表 7-2。

表 7-2　　　　　　　　　　　**TColorDialog 组件 Options 属性**

取值	含义
cdFullOpen	对话框打开时同时打开自定义颜色部分
cdPreventFullOpen	对话框中不允许自定义颜色
cdShowHelp	对话框中显示"帮助"按钮
cdSolidColor	让 Windows 使用与所选颜色最接近的基本颜色
cdAnyColor	允许用户选择非基本颜色

五、"打印"对话框

1. TPrintDialog("打印"对话框)组件用于显示一个"打印"对话框。它能让用户选择使用哪台打印机、设置打印机的属性、选择页的范围、设置打印份数等。"打印"对话框如图 7-5 所示。

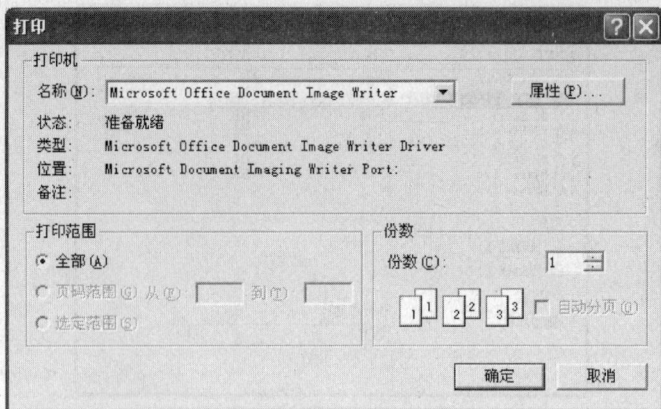

图 7-5 "打印"对话框

2. TPrintDialog 组件的常用属性如下：

Collate 属性：设定打印工作是否自动分页。

Copies 属性：确定打印机打印份数。

FromPage、ToPage 属性：用于设置打印作业的起始页和结束页。

PrintRange 属性：用于设置打印范围的类型。

3. TPrintDialog 组件的 Options 属性取值为 True 时的含义见表 7-3。

表 7-3　　　　　　　　　　　　　　　**TPrintDialog 组件 Options 属性**

取值	含义
poPageNums	用户可以选择页的范围
poPrintToFile	对话框中将出现"打印到文件"复选框
poSelection	用户可以只打印文档中选择的部分
poWarning	如果没有安装打印机，将显示一个警告框
poHelp	对话框将显示一个"帮助"按钮
poDisablePrintToFile	对话框上的"打印到文件"复选框将灰显

六、"打印设置"和"页面设置"对话框

1. TPrintSetupDialog（"打印设置"对话框）组件用于显示"打印设置"对话框，如图 7-6 所示。

图 7-6 "打印设置"对话框

2. TPageSetupDialog("页面设置"对话框)组件用于显示"页面设置"对话框,如图 7-7 所示。

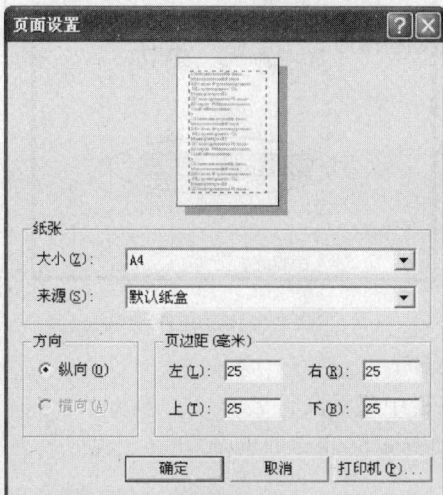

图 7-7　"页面设置"对话框

七、"查找"和"替换"对话框

1. TFindDialog("查找"对话框)组件用于显示"查找"对话框,查找指定字符串,是一种非模式对话框。

2. TReplaceDialog("替换"对话框)组件用于显示"替换"对话框,替换指定字符串。

【任务】

为"模块六"的最后一个"思考"(如图 7-8 所示)实现具体功能。

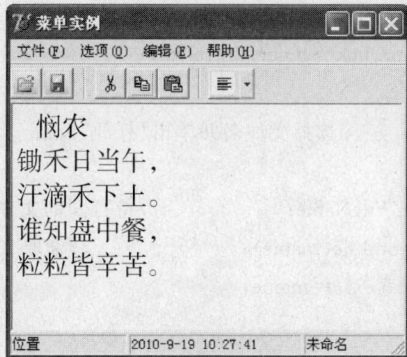

图 7-8　模块六的菜单实例

◎ 操作步骤

(1)在窗体中分别添加 TOpenDialog、TSaveDialog、TPageSetupDialog、TPrintSet-upDialog、TPrintDialog 组件,如图 7-9 所示。

(2)编写代码,实现"文件"菜单项的具体功能。

①定义全局变量,用于保存文件名:

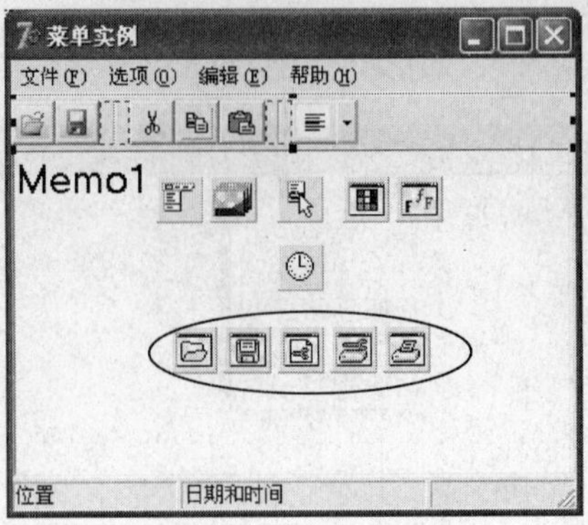

图 7-9　添加组件

var　fname:string='未命名';

②窗体运行时,在状态栏中显示文件名:

```
procedure TForm1.FormCreate(Sender:TObject);
begin
   ......
   StatusBar1.Panels[2].Text:=fname;
end;
```

③"新建"子菜单项的功能实现:

```
procedure TForm1.mmiNewClick(Sender:TObject);
begin
   Memo1.Clear;  //清空
   StatusBar1.Panels[2].Text:=fname;
end;
```

④"打开"子菜单项的功能实现:

```
procedure TForm1.mmiOpenClick(Sender:TObject);
begin
   if OpenDialog1.Execute       //选择文件名并单击"打开"按钮
   then begin
      fname:=OpenDialog1.FileName;             //待打开的文件名
      Memo1.Lines.LoadFromFile(fname);             //读取文件
      StatusBar1.Panels[2].Text:=fname;
   end;
end;
```

⑤"保存"子菜单项的功能实现:

```
procedure TForm1.mmiSaveClick(Sender:TObject);
begin
   if Pos('未命名', fname)<>0             //文件未保存过
   then if SaveDialog1.Execute      //运行"保存"文件对话框
      then begin
         fname:=SaveDialog1.FileName;
```

```
            Memo1. Lines. SaveToFile(fname);
            StatusBar1. Panels[2]. Text:=fname;
            end
      else Memo1. Lines. SaveToFile(fname);          //以当前文件名保存文件
end;
```

⑥"另存为"子菜单项的功能实现:

```
procedure TForm1. mmiSaveAs1Click(Sender:TObject);
begin
    if SaveDialog1. Execute          //选择文件名并单击"保存"按钮
    then begin
       fname:=SaveDialog1. FileName;            //待保存的文件名
       Memo1. Lines. SaveToFile(fname);         //保存文件
       StatusBar1. Panels[2]. Text:=fname;
    end;
end;
```

⑦"页面设置"子菜单项的功能实现:

```
procedure TForm1. mmiPageSetClick(Sender: TObject);
begin
    PageSetupDialog1. Execute;
end;
```

⑧"打印设置"子菜单项的功能实现:

```
procedure TForm1. N24Click(Sender:TObject);
begin
    PrinterSetupDialog1. Execute;
end;
```

⑨"打印"子菜单项的功能实现:

```
procedure TForm1. N25Click(Sender: TObject);
begin
    PrintDialog1. Execute;
end;
```

项目二　　标准对话框

(建议:2 课时)

消息框和输入框是 Delphi 中预定义的一组对话框,用于显示各种消息以及接收简单的输入。这些对话框通过调用相应的函数或过程即可实现。

一、消息框

消息框是显示提示消息的简单对话。无需用户任何的输入,只需简单地确认或取消即可。Delphi 用 2 个函数和 2 个过程来实现显示消息框功能。

1. MessageDlg 函数

function MessageDlg (const Msg：string；AType：TMsgDlgType；AButtons：TMsgdlgButtons；HelpCtx：longint)：word；

各参数含义如下：

参数 Msg：显示在对话框中的消息。

参数 Atype：对话框所包含的不同图标类型。它有 mtInformation、mtWarming、mt-Confirmation 几种类型。

参数 Abuttons：对话框所包含的按钮数目和类型,参考 AButton 为 TMsgdlgbtns 类型,它是一个集合,因此在此集合内可包含多个按钮。

参数 HelpCtx：定义对话框的帮助屏幕。

当用户从对话框中选取一个按钮后,Messagedlg 函数返回一个值表示此按钮被选中,其返回值与按钮的关系见表 7-4。

表 7-4　　　　　　　　　　　　返回值含义

返回值	含义
mrNone	没有选中任何按钮
mrOK	选中 mrOK 按钮
mrCancel	选中 mrCancel 按钮
mrAbort	选中 mrAbort 按钮
mrRetry	选中 mrRetry 按钮
mrIgnore	选中 mrIgnore 按钮
mrYes	选中 mrYes 按钮
mrNo	选中 mrNo 按钮
mrAll	选中 mrAll 按钮

2. MessageDlgPos 函数

function MessageDlgPos(const Msg：string；AType：TMsgDlgType；AButtons：TMsgdlgButtons；HelpCtx：longint；X,Y：Integer)：word；

它与 MessageDlg 函数作用相同,区别仅在于 MessageDlgPos 函数可用 X、Y 表明消息框左上角的坐标。

3. ShowMessage 过程

Procedure ShowMessage(const Msg：string)；

用于显示一个带有"OK"按钮的消息框,其中 Msg 为显示的内容。

4. ShowMessagePos 过程

Procedure ShowMessagePos(const Msg：string；X,Y：integer)；

它与 ShowMessage 过程作用相同,区别仅在于 ShowMessagePos 过程可用 X、Y 表明消息框左上角的坐标。

二、输入框

输入对话框用于接收用户在程序运行过程中输入的信息,其中包括 InputBox 函数,

InputQuery 函数。

1. InputQuery 函数

InputQuery 函数定义在 Dialogs 单元中。函数定义如下：

function InputQuery(const ACaption,APrompt：string；var Value：string)：boolean；

各参数含义如下：

参数 ACaption：对话框的标题。

参数 APrompt：对话框的提示语。

参数 Value：代表存储用户数据的变量。

2. InputBox 函数

InputBox 函数定义在 Dialogs 单元中。函数定义如下：

function InputBox(const ACaption：string，APrompt，ADefault：string)：string；

它与 InputQuery 函数功能类似，但是它的返回值代表用户输入的数据。

【任务】

设计如图 7-10 所示消息框和输入框的练习。新建图 7-10(a)的窗体，单击其中的"开始"按钮，显示图 7-10(b)的输入框，设计程序，根据用户不同的输入，给出图 7-10(c)、图 7-10(d)、图 7-10(e)、图 7-10(f)四种不同的消息框。

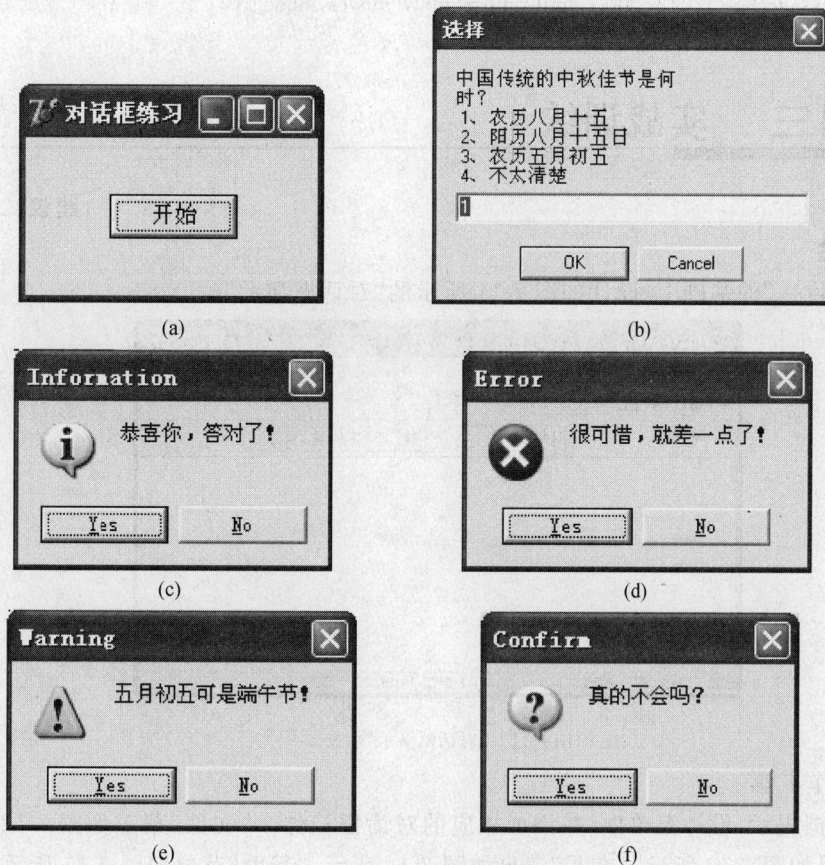

图 7-10　消息框显示效果

◎ 操作步骤

(1)设计如图 7-10(a)所示的主窗体,修改相应控件的属性。

(2)编写程序完成输入框和消息框的功能实现。

```
procedure TForm1.Button1Click(Sender:TObject);
var
    choice:string;
begin
    choice:=(InputBox('选择','中国传统的中秋佳节是何时?'+Chr(13)+'1、农历八月十五'+
        Chr(13)+'2、阳历八月十五日'+Chr(13)+'3、农历五月初五'+Chr(13)+'4、不太清楚'+
        Chr(13),'1'));
    if (choice='1') then
        MessageDlg('恭喜你,答对了!',mtInformation,[mbyes,mbno],0)
    else if (choice='2') then
        MessageDlg('很可惜,就差一点了!',mtError,[mbyes,mbno],0)
    else if (choice='3') then
        MessageDlg('五月初五可是端午节!',mtWarning,[mbyes,mbno],0)
    else if (choice='4') then
        MessageDlg('真的不会吗?',mtConfirmation,[mbyes,mbno],0);
end;
```

项目三　实战训练

(建议:2 课时)

【实战】

在"项目一"的基础上,设计如图 7-11 所示的"对话框演示"。

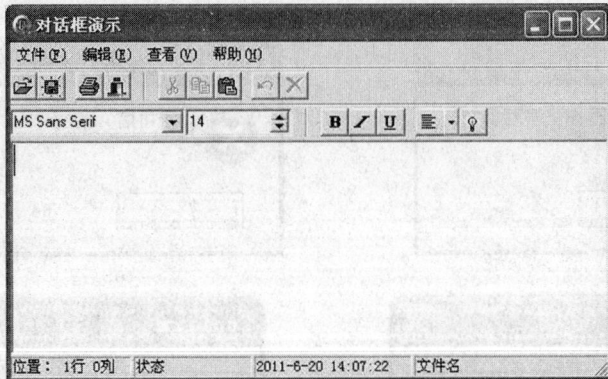

图 7-11 "对话框演示"示意图

◎ 操作步骤

(1)根据提示,设计菜单项,并添加相应的对话框控件。"文件"菜单如图 7-12 所示,"编辑"菜单如图 7-13 所示,"查看"菜单如图 7-14 所示,"帮助"菜单如图 7-15 所示。

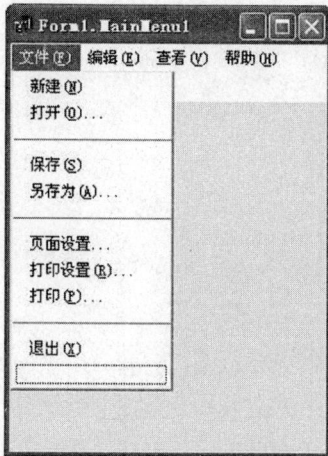

图 7-12 "文件"菜单

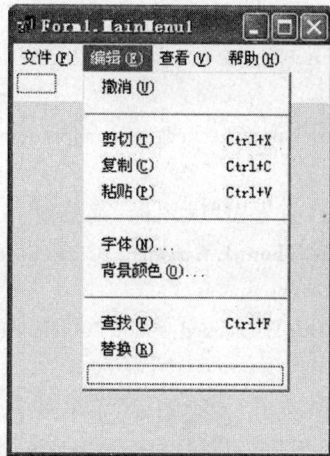

图 7-13 "编辑"菜单

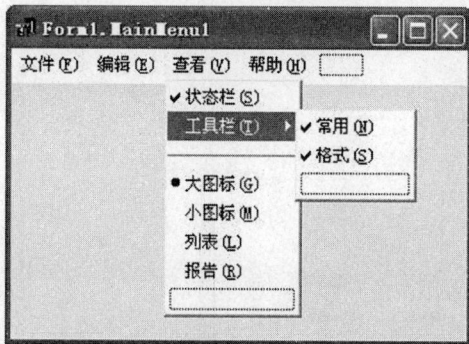

图 7-14 "查看"菜单

图 7-15 "帮助"菜单

(2)根据图 7-11 设计工具栏和状态栏。此时的设计界面如图 7-16 所示。

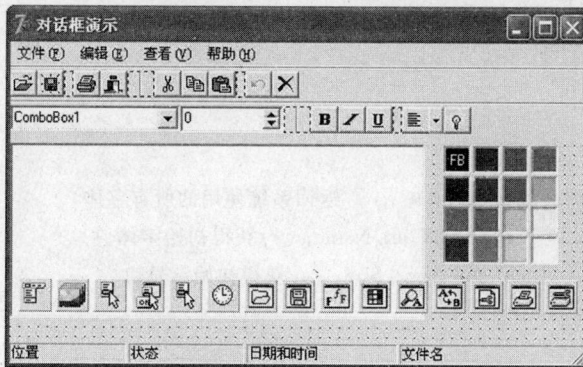

图 7-16 设计界面

(3)完成代码的编写。

①定义全局变量,保存文件名

var fname:string='未命名';

②设计"查看"|"状态栏"菜单项

```
procedure TForm1.mStatusBar1Click(Sender：TObject)；
begin
  mStatusBar1.Checked：=not mStatusBar1.Checked；
end；
```

③设计"查看"|"大图标"菜单项

```
procedure TForm1.LargeIcon1Click(Sender：TObject)；
begin
  LargeIcon1.Checked：=not LargeIcon1.Checked；
end；
```

④设计"查看"|"小图标"菜单项

```
procedure TForm1.SmallIcon1Click(Sender：TObject)；
begin
  SmallIcon1.Checked：=not SmallIcon1.Checked；
end；
```

⑤设计"查看"|"列表"菜单项

```
procedure TForm1.List1Click(Sender：TObject)；
begin
  List1.Checked：=not List1.Checked；
end；
```

⑥设计"查看"|"报告"菜单项

```
procedure TForm1.Report1Click(Sender：TObject)；
begin
  Report1.Checked：=not Report1.Checked；
end；
```

⑦窗体加载时,初始化

```
procedure TForm1.FormCreate(Sender：TObject)；
var LoginName：string；
  b：boolean；
begin
  RichEdit1.Align：=alClient；
  ComboBox1.Items：=Screen.Fonts；   //返回系统使用的所有字体
  ComboBox1.Text：=RichEdit1.Font.Name；   //获得初始字体值
  SpinEdit1.Value：=RichEdit1.Font.Size；   //获得初始字号值
  RichEdit1.SelStart：=0；
end；
```

⑧改变 RichEdit1 中被选中文本的字体

```
procedure TForm1.ComboBox1Change(Sender：TObject)；
begin
  RichEdit1.SelAttributes.Name：=ComboBox1.Text；
end；
```

⑨改变 RichEdit1 中被选中文本的字号

```
procedure TForm1. SpinEdit1Change(Sender：TObject)；
begin
    RichEdit1. SelAttributes. Size：=SpinEdit1. Value；
end；
```

⑩获得 RichEdit1 中被选中文本的信息

```
procedure TForm1. RichEdit1SelectionChange(Sender：TObject)；
begin
    ComboBox1. Text ：=RichEdit1. SelAttributes. Name；    //获得 RichEdit1 选中文本的字体
    SpinEdit1. Value ：=RichEdit1. SelAttributes. Size；    //获得 RichEdit1 选中文本的字号
    StatusBar1. Panels[0]. Text：='位置：'+IntToStr(RichEdit1. CaretPos. y+1)+'行'+IntToStr
        (RichEdit1. CaretPos. x)+'列'
end；
```

⑪设计"查看"|"工具栏"|"常用"菜单项

```
procedure TForm1. Normal1Click(Sender：TObject)；
begin
    Normal1. Checked：=not Normal1. Checked；    //常用菜单项的选中状态
    ToolBar_normal. Visible：=Normal1. Checked；    //显示或隐藏常用工具栏
end；
```

⑫设计"查看"|"工具栏"|"格式"菜单项

```
procedure TForm1. Style1Click(Sender：TObject)；
begin
    Style1. Checked：=not Style1. Checked；    //格式菜单项的选中状态
    ToolBar_style. Visible：=Style1. Checked；    //显示或隐藏格式工具栏
end；
```

⑬执行用户定义行为 UserColor

```
procedure TForm1. UserColor1Execute(Sender：TObject)；
begin
    ColorGrid1. Visible：=True；    //显示颜色网格组件
end；
```

⑭选中颜色网格的值

```
procedure TForm1. ColorGrid1Change(Sender：TObject)；
begin
    RichEdit1. SelAttributes. Color：=ColorGrid1. ForegroundColor；
    ColorGrid1. Visible：=False；    //隐藏颜色网格组件
end；
```

⑮状态栏显示当前时间

```
procedure TForm1. Timer1Timer(Sender：TObject)；
begin
    StatusBar1. Panels[2]. Text：=DateTimeToStr(Now)；    //当前时间
end；
```

⑯设置状态栏中的 Modified 状态

```
procedure TForm1.RichEdit1Change(Sender：TObject)；

begin

    if RichEdit1.Modified

    then StatusBar1.Panels[1].Text：='Modified'；

end；
```

⑰设计"文件"|"退出"菜单项

```
procedure TForm1.Exit1Click(Sender：TObject)；

begin

    Form1.Close；

end；
```

⑱设计"编辑"|"撤消"菜单项

```
procedure TForm1.Undo1Click(Sender：TObject)；

begin

    RichEdit1.Undo；

end；
```

⑲设计"文件"|"新建"菜单项

```
procedure TForm1.New1Click(Sender：TObject)；

begin

    RichEdit1.Clear ；    //清空

    GetDir(0,fname)；  //获得当前目录名

    fname：=fname+'\未命名'；

    StatusBar1.Panels[3].Text：=fname；    //文件名显示在状态栏的第 4 项中

end；
```

⑳设计"文件"|"打开"菜单项

```
procedure TForm1.Open1Click(Sender：TObject)；

begin

    if OpenDialog1.Execute    //选择文件名并单击"打开"按钮后

    then begin

        fname：=OpenDialog1.FileName；   //待打开的文件名

        RichEdit1.Lines.LoadFromFile(fname)；   //读取文件

        StatusBar1.Panels[3].Text：=fname；

    end；

end；
```

㉑设计"文件"|"另存为"菜单项

```
procedure TForm1.SaveAs1Click(Sender：TObject)；

begin

    if SaveDialog1.Execute    //选择文件名并单击"保存"按钮后

    then begin

        fname：=SaveDialog1.FileName；  //待保存的文件名

        RichEdit1.Lines.SaveToFile(fname)；   //保存文件
```

```
    StatusBar1. Panels[3]. Text：=fname;
    end;
end;
```

⑫设计"文件"|"保存"菜单项

```
procedure TForm1. Save1Click(Sender：TObject);
begin
if Pos('未命名', fname)<>0    //文件未保存过
then if SaveDialog1. Execute    //运行"保存"文件对话框
    then begin
        fname：=SaveDialog1. FileName;
        RichEdit1. Lines. SaveToFile(fname);
        StatusBar1. Panels[3]. Text：=fname;
        end
    else RichEdit1. Lines. SaveToFile(fname);    //以当前文件名保存文件
end;
```

⑫关闭窗体

```
procedure TForm1. FormClose(Sender：TObject; var Action：TCloseAction);
begin
    MessageDlg('数据已经改动,是否存盘?',mtConfirmation,[mbYes,mbNO,mbCancel],1);
end;
```

⑫选中文本时获取文本的信息

```
procedure TForm1. N1Click(Sender：TObject);
begin
    if RichEdit1. SelLength > 0    //已有选中块
    then begin
        FontDialog1. Font. Assign(RichEdit1. SelAttributes);    //字体对话框的字体获得 RichEdit1
的选取中块的字体
        if FontDialog1. Execute
        then RichEdit1. SelAttributes. Assign(FontDialog1. Font);    //RichEdit1 的选取中块的字体
获得字体对话框的字体
        end
    else ShowMessage('请先选中一段文本!');
end;
```

⑫设计文本颜色

```
procedure TForm1. O1Click(Sender：TObject);
begin
    if ColorDialog1. Execute
    then Richedit1. Color：=ColorDialog1. Color;    //编辑框的背景色设为"颜色"对话框的选中色
end;
```

⑫设计"编辑"|"查找"菜单项

```
procedure TForm1. Find1Click(Sender：TObject);
```

```
begin
    FindDialog1. Execute；    //打开查找对话框
end；
```

⑳设计"查找"对话框

```
var first：boolean = True；  //第 1 次查找
procedure TForm1. FindDialog1Find(Sender：TObject)；   //查找、替换对话框,单击"查找下一个"
按钮时触发
var i,n,index：integer；
source,find：string；
begin
    find：=FindDialog1. FindText；  //查找内容字符串
    n：=Length(find)；   //查找内容字符串的长度
    if n > 0
    then begin
        i：=RichEdit1. SelStart+RichEdit1. SelLength；   //获得当前选中块结束位置作为搜索开始
位置
        source：=Copy(RichEdit1. Text,i+1,Length(RichEdit1. Text)-i)；   //复制子串,获得查找
的源字符串,选中块之前的子串不在查找范围
        index：=Pos(find,source)；  //定位子串
        if index > 0
        then begin
            RichEdit1. SelStart：=i+index-1；  //选中查找到的字符串
            RichEdit1. SelLength：=n；
            first：=False；
            self. Show；  //显示窗口
        end
        else begin
            if first
            then ShowMessage('已搜索完毕,未找到搜索项!')
                else ifnot(Sender is TReplaceDialog)  //查找对话框时显示,替换对话框时不显示
                    then ShowMessage('已搜索完毕!')
                end；
            end
    else ShowMessage('请输入查找内容字符串!')；
end；
```

㉘打开替换对话框

```
procedure TForm1. Replace1Click(Sender：TObject)；
begin
    ReplaceDialog1. Execute；
end；
```

㉙触发替换对话框,单击"替换"或"全部替换"按钮

```
procedure TForm1. ReplaceDialog1Replace(Sender：TObject)；
```

```
var count:integer;
begin
    if RichEdit1. SelLength ＞ 0     //已有选中块
    then RichEdit1. SelText:＝ReplaceDialog1. ReplaceText；     //替换选中块
    FindDialog1Find(Sender)；         //调用执行 FindDialog1 的 OnFind 事件处理程序
    if frReplaceAll in ReplaceDialog1. Options
    then begin     //单击"全部替换"按钮
    count:＝0；
        while RichEdit1. SelLength ＞ 0    do
                begin
                    RichEdit1. SelText:＝ReplaceDialog1. ReplaceText；
                    count:＝count＋1；
                    FindDialog1Find(Sender)；
                end；
                ShowMessage('已替换完毕,共替换'＋IntToStr(count)＋'项!')；
            end
        else if RichEdit1. SelLength＝0
        then ShowMessage('已替换完毕!')；
end；
```

㉚打开页面设置对话框

```
procedure TForm1. PageSetup1Click(Sender：TObject)；
begin
    PageSetupDialog1. Execute；
end；
```

㉛打开打印对话框

```
procedure TForm1. Print1Click(Sender：TObject)；
begin
    PrintDialog1. Execute；
end；
```

㉜打开打印设置对话框

```
procedure TForm1. PrinterSetup1Click(Sender：TObject)；
begin
    PrinterSetupDialog1. Execute；
end；
```

❖思考：

设计完成后,可根据实际情况增加一些其他功能。

图形图像技术

Delphi 提供了丰富多彩的图形功能,既可以直接使用图形控件,也可以通过图形方法在窗体中输出文字和任意形状的图形。

☞**本模块学习要点**

1. 学会用 Canvas 进行画图

2. 学会用 TShape、TImage、TPaintBox 组件绘制图形

3. 学会用 CopyRect( )函数进行位图复制

项目一　使用 Canvas

（建议：2 课时）

在 Delphi 中,绘图主要通过 Canvas(画布对象)进行绘图,Delphi 可以在窗体或是组件上绘制出各式各样的图像,通过 Canvas 的属性将一些图形变为文字,或是将一些文字变为图形。

Canvas 不是一个组件,不能单独使用,它是很多图形组件都具有的一个属性,同时它本身也是一个对象,有自己的属性和方法。

一、画布的属性

1. Pen(画笔)

该属性用于绘制各种线段。

Style：确定画笔的类型风格。Pen 的 Style 类型见表 8-1。

表 8-1　　　　　　　　　　　　　　　Pen 的 Style 类型

类型名称	说明
psSolid	画实线
psDash	画长划线
psDot	画点线
psDashDot	画点划线
psDashDotDot	画双点划线
psClear	无线

Mode：确定线的颜色。Pen 的 Mode 类型见表 8-2。

类型名称	说明
pmBlack	黑色
pmWhite	白色
pmNop	不改变颜色
pmNot	反转颜色
pmCopy	以 Color 值定义的颜色
pmNotCopy	以 Color 值定义的反色

2. Brush(画刷)

该属性用于确定某个封闭图形的填充颜色,即填充色。

Style:确定画笔的类型风格。Brush 的 Style 类型见表 8-3。

表 8-3   **Brush 的 Style 类型**

类型名称	说明
bsSolid	实心图案
bsClear	无图案
bsBDiagonal	斜线
bsFDiagonal	反向斜线
bsCross	横竖交叉
bsDiagCross	斜交叉
bsHorizontal	直线
bsVertical	竖线

二、画布的方法

1. MoveTo()和 LineTo():画直线。

2. Arc():画椭圆弧线曲线。

3. Draw():在给定的坐标处绘制图形。

4. Ellipse():在以点$(x1, y1)$和点$(x2, y2)$为对角顶点形成的矩形中画内切椭圆。

5. Polyline():画多边形。

6. Rectangle():绘制矩形。

画布功能举例如图 8-1 所示。

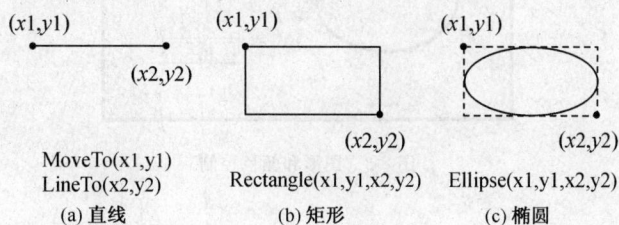

图 8-1   画布功能举例

【任务一】

使用画笔在画布中描边。效果如图 8-2 所示。

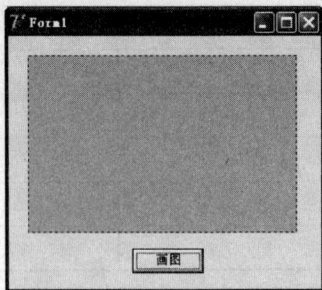

图 8-2　画笔的使用

◎ 操作步骤

(1)在窗体中添加 1 个 TButton 组件。

(2)编写按钮的 Click 事件。

```
procedure TForm1. Button1Click(Sender：TObject)；
begin
   with Canvas do
     begin
       Pen. Color：=clRed；
       Pen. Style：=psDot；
       Brush. Color：=clsKyBlue；
       Brush. Style：=bsSolid；
       Rectangle(20,20,300,200)；
     end；
end；
```

学生可以根据自己的需要设置不同的参数值,并观察效果。

【任务二】

图形和颜色控制。在组合框中选择线段、矩形或椭圆,并选择图形的颜色,单击“绘图”按钮后,绘制出指定颜色的图形。效果如图 8-3 所示。

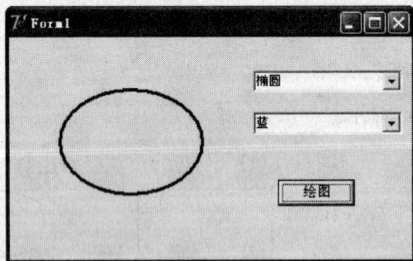

图 8-3　图形和颜色控制

◎ 操作步骤

(1)在窗体中添加 2 个 TComboBox 组件和 1 个 TButton 组件,进行表 8-4 的设置。

对象	属性	属性值
ComboBox1	Items	直线,矩形,椭圆
	Text	选择图形
ComboBox2	Items	红,绿,蓝,白,黑,紫,黄
	Text	选择颜色

(2)编写如下代码：

```
procedure TForm1. FormCreate(Sender：TObject)；
begin
    Canvas. Pen. Width：＝3；//设置画笔的宽度
end；


procedure TForm1. ComboBox2Change(Sender：TObject)；
//提取用户所选择的颜色值
begin
    if ComboBox2. Text＝'红' then
      Form1. Canvas. Pen. Color：＝clRed；
    if ComboBox2. Text＝'绿' then
      Form1. Canvas. Pen. Color：＝clGreen；
    if ComboBox2. Text＝'蓝' then
      Form1. Canvas. Pen. Color：＝clBlue；
    if ComboBox2. Text＝'白' then
      Form1. Canvas. Pen. Color：＝clWhite；
    if ComboBox2. Text＝'黑' then
      Form1. Canvas. Pen. Color：＝clBlack；
    if ComboBox2. Text＝'紫' then
      Form1. Canvas. Pen. Color：＝clPurple；
    if ComboBox2. Text＝'黄' then
      Form1. Canvas. Pen. Color：＝clYellow；
end；


procedure TForm1. Button1Click(Sender：TObject)；
//单击按钮时,根据选择的图形和颜色绘制图形
begin
    Refresh；
    if ComboBox1. Text ＝'直线' then
    begin
      Form1. Canvas. MoveTo(0,0)；
      Form1. Canvas. LineTo(100,100)；
    end；
```

```
if ComboBox1. Text ='矩形' then
    Form1. Canvas. Rectangle(50,50,100,180);
if ComboBox1. Text ='椭圆' then
    Form1. Canvas. Ellipse(50,50,190,150);
end;
```

❖思考：

是否可以将此程序改写成：选什么图形就绘制什么图形，选什么颜色就用什么颜色绘制。

项目二　绘图组件

（建议：2 课时）

一、TShape 组件

1. 可以在界面上显示一些简单的几何图形，如矩形、正方形、椭圆等。

2. 位于组件面板的 Additional 选项卡上，其图标为 ▱。

3. TShape 组件的主要属性：Brush，Pen，Shape。其中 Shape 属性指定 TShape 组件的几何形状，设置这个属性可以改变在窗体中绘制的几何图形的形状，其取值见表 8-5。

表 8-5 　　　　　　　　　　　　　　Shape 属性

取值	含义	取值	含义
stCircle	画圆	stRoundRect	画圆角矩形
stEllipse	画椭圆	stRoundSquare	画圆角正方形
stRectangle	画矩形	stSquare	画正方形

二、TImage 组件

1. 用于显示以文件形式存储的图像，显示类型有：. bmp、. ico、. jpg、. wmf、. emf。也可以直接在它的画布上画图。

2. 位于组件面板的 Additional 选项卡上，其图标为 ▦。

3. 主要属性如下：

Picture：指定 TImage 组件中显示的图像。

Stretch：指定 TImage 组件中的图像是否可变，以确切地将图像放入图像控制的边界。为 True 时图像适合图像控制的大小和形状。当图像组件大小改变时，图像大小也随之改变。

Center：指定 TImage 组件中的图像是否居中。True 为居中，False 为默认。当 AutoSize 或 Stretch 属性为 True，且 Picture 属性为指定图标时，该属性无效。

三、TPaintBox 组件

1. 提供一个可以用来绘制几何图形的矩形区域，使用绘图语句，可在这个区域内绘制各种图形。

2. 位于组件面板的 System 选项卡上，其图标为 ![图标]。

3. 主要属性：

Canvas：用于在画布上画图。

Color：用于设置画布的背景颜色。

Constraints：用于指定 TPaintBox 组件的宽度和高度的最大值和最小值，当其包含最大值或最小值时，将重新调整组件的大小不能超出该限制。

【任务一】

在 TShape 组件上画图。设计界面如图 8-4 所示，单击"显示"按钮，绘制出指定的图形，如图 8-5 所示。

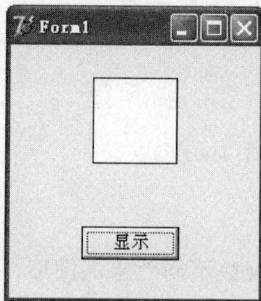

图 8-4　界面设计　　　　　图 8-5　绘制指定图形

◎ 操作步骤

（1）在窗体中添加 1 个 TButton 组件和 1 个 TShape 组件。

（2）在按钮的 Click 事件中编写如下代码：

```
procedure TForm1.Button1Click(Sender：TObject)；
begin
    Shape1.Brush.Color：=clBlue；
    Shape1.Pen.Color：=clRed；
    Shape1.Pen.Style：=psSolid；
    Shape1.Pen.Width：=2；
    Shape1.Shape：=stCircle；
end；
```

学生可以修改 TShape 组件的属性参数，观察不同效果的图形。

【任务二】

用 TPaintBox 组件在窗体中绘制一个带交叉线段的椭圆，如图 8-6 所示。

图 8-6 绘制椭圆

◎ 操作步骤

（1）在窗体中添加 1 个 TButton 组件和 1 个 TPaintBox 组件。

（2）在按钮的 Click 事件中编写如下代码：

```
procedure TForm1.Button1Click(Sender：TObject)；
begin
  with PaintBox1 do
  begin
    Canvas.Brush.Color：=clRed；
    Canvas.Brush.Style：=bsDiagCross；
    Canvas.Ellipse(0,0,PaintBox1.Width,PaintBox1.Height)；
  end；
end；
```

学生可以修改 TPaintBox 组件的属性参数，观察不同效果的图形。

【任务三】

用 TPaintBox 绘制一幅画，如图 8-7 所示。

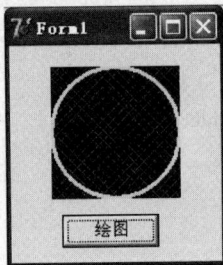

图 8-7 绘制图形

◎ 操作步骤

（1）在窗体中添加 1 个 TButton 组件和 1 个 TPaintBox 组件。

（2）在按钮的 Click 事件中编写如下代码：

```
procedure TForm1.Button1Click(Sender：TObject)；
begin
  PaintBox1.Canvas.Brush.Color：=clRed；
  PaintBox1.Canvas.Brush.Style：=bsDiagCross；
  PaintBox1.Canvas.FillRect(PaintBox3.Canvas.ClipRect)；
```

```
    PaintBox1. Canvas. Pen. Color :＝clYellow;
    PaintBox1. Canvas. Pen. Width :＝3;
    PaintBox1. Canvas. Ellipse(0,0,100,100);
end;
```

项目三　　图像翻转

（建议:2 课时）

CopyRect()函数执行位图拷贝的操作,将源画布上的一部分位图拷贝到目标画布上的一个矩形区域内。CopyRect()函数的过程声明及参数意义如下:

```
procedure CopyRect(Dest:TRect;Canvas:TCanvas;Source:TRect);
```

其中,Dest:目标画布上的矩形区域;

Canvas:源画布;

Source:源画布上的矩形区域。

【任务】

在窗体中,实现图片水平翻转的操作,如图 8-8 所示。

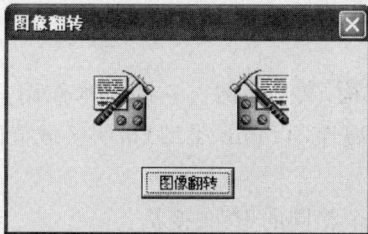

图 8-8　图形水平翻转

◎ 操作步骤

(1)在窗体中放置 2 个 TImage 组件和 1 个 TButton 组件。

(2)在按钮的 Click 事件中编写如下代码:

```
procedure TForm1. BitBtn1Click(Sender:TObject);
var
    c_image:TImage;
    x,y:integer;
    srcrect,dstrect:TRect;
begin
    x:＝Image1. Picture. Width;
    y:＝Image1. Picture. Height;
    c_image:＝TImage. Create(nil);
    try
        dstrect:＝Rect(0,0,x,y);
        srcrect:＝Rect(x,0,0,y);
        c_image. Width:＝x;
```

```
        c_image. Height:=y;
        c_image. Canvas. CopyRect(dstrect,Image1. Canvas,srcrect);
        image2. Picture:=c_image. Picture;
        finally
            c_image. Free;
    end;
end;
```

❖思考：

如何实现垂直翻转和对角线翻转？

项目四　　图像效果

（建议：4 课时）

Delphi 为用户提供了一个方便的绘图环境，即某些组件的 Canvas 属性（画布）。用户能把某些组件的表面作为一张画布，在上面绘制图像或显示图像，但在 Canvas 的使用过程中少不了一个特别对象，那就是矩形 Rect，灵活使用它会完成非常多的特别功能，为 Delphi 编制的视窗系统增加活力。

Rect 的特点：

Rect 既是特别的数据结构，又是函数。它的基本作用是定义一个矩形区域对象，而作为函数使用时它能用两个属性（TPoint 类型）指明区域范围，同时也可分解成四个单一的变量类型（Integer 类型）。

下面用三种方法定义一个相同的 Rect 变量：

- Rect(10,10,110,210);
- TopLeft:=Point(10,10);BottomRight:=Point(110,210);
- Left:=10;Top:=10;Right:=110;Bottom:=210;

"CopyRect(Dest:TRect;Canvas:TCanvas;Source:TRect);"语句：把图像从一个矩形中拷到另一个矩形之中，并且按目标矩形的尺寸自动伸缩，其中，Dest 为目标画布矩形，Canvas 为源画布，Source 为源矩形。

【任务一】

在窗体中放置 1 个 TImage 组件和 1 个 TButton 组件，当用户单击按钮时图形将以瀑布的效果显示，如图 8-9 所示。

主要程序代码：

```
procedure TForm1. SpeedButton1Click(Sender: TObject);
var
    new_map:Tbitmap;
    i,j,bmpheight,bmpwidth:integer;
begin
    new_map:=TBitmap. Create;
    new_map. Width:=Image1. Width;
    new_map. Height:=Image1. Height;
```

图 8-9　设计图形的瀑布显示效果

```
bmpheight:=Image1.Height;
bmpwidth:=Image1.Width;
for i:=bmpheight downto 1 do
for j:=1 to i do
begin
    new_map.Canvas.CopyRect(Rect(0,j-1,bmpwidth,j),Image1.Canvas,Rect(0,i-1,bmp-
width,i));
    Form1.Canvas.Draw(0,0,new_map);
end;
new_map.Free;//新图消失
end;
```

❖思考:

如何修改代码实现图像从上到下显示的效果?

【任务二】

在窗体中放置 1 个 TImage 组件和 1 个 TButton 组件,当用户单击按钮时图形将以积木的效果显示,如图 8-10 所示。

主要程序代码:

```
procedure TForm1.BitBtn1Click(Sender:TObject);
var
    newbmp:TBitmap;
    i,j,bmpheight,bmpwidth:integer;
    x,y:integer;
begin
    newbmp:=TBitmap.Create;
    newbmp.Width:=Image1.Width;
```

图 8-10 设计图形的积木显示效果

```
newbmp. Height:=Image1. Height;
bmpheight:=Image1. Height;
bmpwidth:=Image1. Width;
//奇数排奇数列进行逐个积木显示
i:=0;
x:=0;
j:=0;
for x:=0 to 4 do
begin
  sleep(100);
  for y:=0 to 3 do
  begin
    sleep(100);
    Newbmp. Canvas. CopyRect(Rect(i * 50,j * 50,(i+1) * 50,(j+1) * 50),Image1. Canvas,
      Rect(i * 50,j * 50,(i+1) * 50,(j+1) * 50));
    Form1. Canvas. Draw(0,0,newbmp);
    i:=i+2;
  end;
  j:=j+2;
  i:=0;
end;
//偶数排偶数列进行逐个积木显示
j:=1;
i:=1;
for x:=0 to 4 do
begin
  sleep(100);
```

```
for y:=0 to 3 do
begin
    sleep(100);
    Newbmp. Canvas. CopyRect(Rect(i*50,j*50,(i+1)*50,(j+1)*50),Image1. Canvas,
        Rect(i*50,j*50,(i+1)*50,(j+1)*50));
    Form1. Canvas. Draw(0,0,newbmp);
    i:=i+2;
    end;
    j:=j+2;
    i:=1;
end;
Newbmp. Canvas. CopyRect(Rect(0,0,Image1. Width,Image1. Height),Image1. Canvas,
    Rect(0,0,Image1. Width,Image1. Height));
Form1. Canvas. Draw(0,0,newbmp);
newbmp. Free;
end;
```

❖思考：

在上述程序的基础上增加依次显示出奇数行偶数列和偶数行奇数列的积木效果。

项目五　　实战训练

(建议：18 课时)

【实战一】　天女散花

❈ 设计要求

编制一个画彩色点的程序。在图片框窗体中填充若干个彩色点（点的多少由用户从键盘输入），点的位置随机产生，点的颜色也随机产生，填充过程将给人一种如同"天女散花"的感觉，如图 8-11 所示。

图 8-11　画彩色点

❈ 要点说明

1.如何产生点的位置。由于点的位置是任意的但又不应该超出屏幕，因此可以通过随机数函数产生一定范围内的数来实现。假设产生的点的横坐标为 x，纵坐标为 y，则 x 和 y 可以用以下式子来生成：

x = Random(Form1. Width);

y = Random(Form1. Height);

另外点的颜色的产生也通过 Random 函数来实现。

2. 如何画点。可通过直接给像素附一个色彩值实现画点,引用像素可使用 Canvas 的 Pixels 属性,该属性是一个二维数组属性,如表示 (x, y) 位置的像素的格式如下:

Form1. Canvas. Pixels[x,y]=clRed;

❋ 程序代码

```
procedure TForm1. FormClick(Sender: TObject);
var
    DotNum,i,j,x,y,k,cl: integer;
begin
    DotNum:=StrToInt(InputBox('点数输入','请输入需画的点数','10000'));
    Randomize;                          //随机数初始化
    for i:=1 to DotNum do
    begin
        x:=Random(Form1. Width);        //产生随机横坐标
        y:=Random(Form1. Height);       //产生随机纵坐标
        cl:=Random(65535);              //产生随机色彩
        Form1. Canvas. Pixels[x,y]:=cl; //以随机色彩在随机点处画点
        for j:=1 to 10000 do            //本循环的目的是为了延迟
        begin
            k:=2;k:=k-2;k:=k+2;
        end;
    end;
end;
```

❖ 思考:

(1)如果将 for 循环部分的程序代码删除,程序将会出现何种现象?

(2)可以将循环部分用 sleep 语句完成吗?

【实战二】 信手涂鸦

❋ 设计要求

编制一个能够根据用户的选择画椭圆、矩形、圆角矩形和直线的程序。运行程序时,用户可以选择要画的图形。当用户在画图区按下并拖动鼠标时将出现一个图形轮廓,显示用户在松开鼠标时所画图形的形状和大小,当用户松开鼠标时将创建一个有内部填充色和图形轮廓的相应大小的图形,显示效果如图 8-12 所示。

❋ 要点说明

1. 如何实现鼠标拖动时绘图轮廓的显示。为显示轮廓,可以设置 2 个 TPoint 类型的变量,分别用来存放鼠标按下时的坐标和当前坐标。可以通过下述方法来实现"可擦写"的轮廓并画图:当按下鼠标按钮时,程序将捕获所有的鼠标输入,并在变量中记录鼠标的 x,y 坐标,同时用鼠标的 x,y 坐标初始化变量,然后设置画笔和画笔的颜色,以画出所需图形的轮廓,把画笔的模式设置为 pmNot,这样画笔会以底色相反的颜色绘图。现在,每当鼠标移动时,可两次画图:一次是在老地方擦除已画过的"可擦写"图形轮廓,一

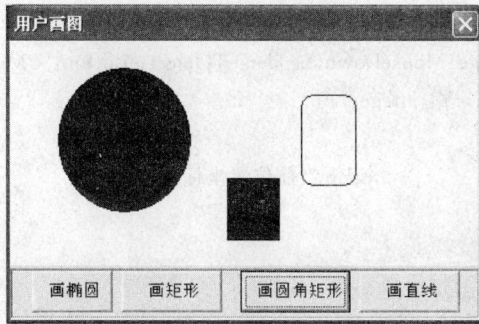

图 8-12 画不同图形

次是在新地方上显示我们所要的图形轮廓,然后在变量中记录鼠标新位置的 x,y 坐标。最后当用户释放鼠标按钮时,擦除上次的"可擦写"图形,并将最终的色彩画出图形来。

2.如何选择图形。为了记录用户选择的图形,可定义一个整型变量,在发生相应选择图形的按钮的 Click 事件中,给该整型变量赋不同的值。在要绘制图形时,根据该变量的值就知道应绘制什么样的图形了。

❈ 程序代码

1.定义整型变量存放选择的图形,并将 1 椭圆设置为窗体加载的初始值。

```
var
    StartPt,EndPt:TPoint;
    Capture:boolean;
    Shapekind:integer;    //表示画图的种类,1 表示椭圆,2 表示矩形,3 表示圆角矩形,4 表示直线
procedure TForm1.Button1Click(Sender:TObject);
begin
    Shapekind:=1;
end;
procedure TForm1.Button2Click(Sender:TObject);
begin
    Shapekind:=2;
end;
procedure TForm1.Button3Click(Sender:TObject);
begin
    Shapekind:=3;
end;
procedure TForm1.Button4Click(Sender:TObject);
begin
    Shapekind:=4;
end;
procedure TForm1.FormCreate(Sender:TObject);
begin
    Shapekind:=1;
end;
```

2.鼠标按下时,记下当前坐标和画笔初始化。

```
procedure TForm1. Image1MouseDown(Sender：TObject; Button：TMouseButton;
  Shift：TShiftState; X，Y：integer);
begin
  StartPt. X：=x;                   //记下当前位置坐标
  StartPt. Y：=y;
  EndPt：=StartPt;
  Capture：=True;
  with Image1. Canvas do
  begin                            //设置画笔的模式、色彩、风格
    Pen. Mode：=pmNot;
    Pen. Color：=clBlack;
    Brush. Style：=bsClear;
  end;
end;
```

3.鼠标移动时,画出图形的轮廓。

```
procedure TForm1. Image1MouseMove(Sender：TObject; Shift：TShiftState; X,Y：integer);
begin
if(Capture)and((EndPt. X<>x)or(EndPt. Y<>y)) then
//当前位置和起始位置不一样
begin
  case Shapekind of
    1：begin                                       //画椭圆
       Image1. Canvas. Ellipse(StartPt. X,StartPt. Y,EndPt. X,EndPt. Y);
       //擦除原来的椭圆
       Image1. Canvas. Ellipse(StartPt. X,StartPt. Y,x,y);
       //重新画椭圆
      end;
    2：begin
        Image1. Canvas. Rectangle(StartPt. X,StartPt. Y,EndPt. X,EndPt. Y);
        Image1. Canvas. Rectangle(StartPt. X,StartPt. Y,x,y);
      end;
    3：begin
        Image1. Canvas. RoundRect(StartPt. X,StartPt. Y,EndPt. X,EndPt. Y,20,20);
        Image1. Canvas. RoundRect(StartPt. X,StartPt. Y,x,y,20,20);
      end;
    4：begin                                       //画线
        Image1. Canvas. MoveTo(StartPt. X,StartPt. Y);//移到原线的起点
        Image1. Canvas. LineTo(EndPt. X,EndPt. Y);    //擦除原来直线
        Image1. Canvas. MoveTo(StartPt. X,StartPt. Y); //移到起点
        Image1. Canvas. LineTo(X,Y);                //重新画直线
      end;
```

```
        end;
      EndPt. X: = x;
      EndPt. Y: = y;
    end;
  end.
```

4. 鼠标弹出时,擦除原来的图形,画上新的图形和填充色。

```
procedure TForm1. Image1MouseUp(Sender: TObject; Button: TMouseButton;
  Shift: TShiftState; X, Y: Integer);
begin
  Capture: = False;
  with Image1. Canvas do
    begin
      case Shapekind of          //擦除原来的图形
        1:Ellipse(StartPt. X,StartPt. Y,EndPt. X,EndPt. Y);
        2:Rectangle(StartPt. X,StartPt. Y,EndPt. X,EndPt. Y);
        3:RoundRect(StartPt. X,StartPt. Y,EndPt. X,EndPt. Y,20,20);
        4:begin
            MoveTo(StartPt. X,StartPt. Y);
            LineTo(EndPt. X,EndPt. Y);
          end;
      end;
      Pen. Mode: = pmCopy;
      Brush. Color: = clBlue;
      Brush. Style: = bsSolid;
      case Shapekind of          //再一次画需要的图形
        1:Ellipse(StartPt. X,StartPt. Y,x,y);
        2:Rectangle(StartPt. X,StartPt. Y,x,y);
        3:RoundRect(StartPt. X,StartPt. Y,x,y,20,20);
        4:begin
            MoveTo(StartPt. X,StartPt. Y);
            LineTo(x,y);
          end;
      end;
    end;
  end.
```

【实战三】 运行的秒针

❋ 设计要求

程序运行时将出现一个重复的轮廓和一个秒针。秒针以每秒 12 度的速度移动,显示效果如图 8-13 所示。

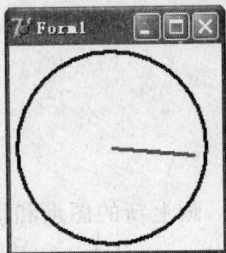

图 8-13 秒针显示

❋ 要点说明

1. 指针移动和实现。指针可通过画线来实现，为演示出指针的移动，可画两次直线：一次用来覆盖掉原来的线条，方法是使背景色为白色，然后置画笔模式为 pmNotXor；另一次是用计算出新的坐标位置，然后以 pmCopy 模式画线条。由于每隔一段时间就要移动指针，故可使用一个计时器组件，设置它的 Interval 为 1000，使用它每秒发生一次 Timer 事件，在该事件中实现覆盖原来的指针和重画指针的功能。

2. 画线的线条终点的计算。假设指针在窗体的坐标为 $(x1,y1)$ 至 $(x2,y2)$，以 $(x1,y1)$ 为圆心，按顺时针方向改变 $(x2,y2)$，则指针按照圆的参数方程的规律移动，

$$\begin{cases} x = a\sin(t) \\ y = a\cos(t) \end{cases}$$

其中 a 为半径，t 为参数(度)，则 $x2$ 和 $y2$ 的值可用以下公式来计算：

$$\begin{cases} x2 = x1 + x \\ y2 = y1 + y \end{cases}$$

程序代码：

先加入 math 单元，因为在设计时会用到一些数学公式。

```
procedure TForm1.FormShow(Sender: TObject);
begin
    Form1.Canvas.Ellipse(5,5,155,155);
end;

procedure TForm1.Timer1Timer(Sender: TObject);
begin
Form1.Canvas.Pen.Width := 3;
if num=0 then
    begin
        x := 0;
        y := -65;
        Form1.Canvas.Pen.Mode := pmCopy;
        Form1.Canvas.Ellipse(5,5,155,155);
        Form1.Canvas.MoveTo(80,80);
        Form1.Canvas.Pen.Color := clRed;
        Form1.Canvas.LineTo(80+x,80+y);
```

```
        end;
    else
      begin
        Form1. Canvas. Pen. Mode：＝pmNotXor;
        num：＝num mod 360;
        Form1. Canvas. MoveTo(80,80);
        Form1. Canvas. LineTo(80＋x,80＋y);
        x：＝Floor(65 * sin(Num * pi/180));
        y：＝Floor((－1) * 65 * cos(Num * pi/180));
        Form1. Canvas. Pen. Mode：＝pmCopy;
        Form1. Canvas. MoveTo(80,80);
        Form1. Canvas. LineTo(80＋x,80＋y);
      end;
      num：＝num＋12;
    end;

procedure TForm1. FormCreate(Sender：TObject);
begin
    num：＝0;
end;
```

❖思考：

如果按上述的方法设计，当有其他的窗体运行遮挡住该窗体时，会使该窗体中的时钟圆消失，可用什么方法进行改进呢？（用 TImage 组件设计可以避免此现象的发生）

【实战四】 绘制 cos 和 sin 函数曲线

❉ 设计要求

绘制两个周期的余弦曲线 $y＝\cos(x)$ 和正弦曲线 $y＝\sin(x)$。在程序运行过程中，单击"绘余弦曲线与正弦曲线"按钮，绘制出的图形效果如图 8-14 所示。

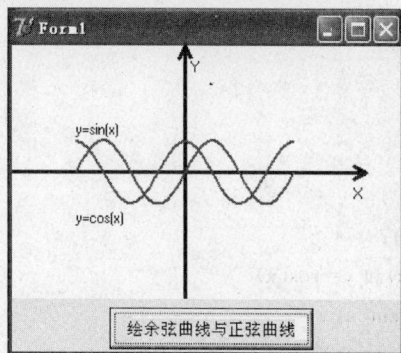

图 8-14　绘制函数曲线

❉ 要点说明

画连续曲线可以采用以下的方法：将连续的曲线图形看作是由多条线段连续而成的，求出曲线上一系列的点的坐标 (x,y)，然后用 LineTo 方法将这些点首尾连接起来。

本题要画的余弦曲线和正弦曲线均是连续曲线。解决这类画函数图形的问题,首先应确定坐标原点位置,如本题坐标原点位置为(150,100);然后根据所画的最大值确定画图的比例范围,本题 $y=\cos(x)$ 的值的大小范围为 $-1\sim1$,可以用 25 个像素表示 1,x 的值变化范围为 $-2\pi\sim2\pi$,可用 5 个像素表示 $\pi/9$ 弧度求一个余弦函数的值和一次直线的值,并转换成相应的坐标值,然后用 LineTo 函数用直线段把它们依次连接起来。

❈ 程序代码

```
procedure TForm1. Button1Click(Sender: TObject);
var
    x,y,i:integer;
begin
    with Image1. Canvas do
        begin
            Pen. Color:=clBlue;
            Pen. Width:=3;
            //坐标轴 x 方向的直线
            MoveTo(0,100);
            LineTo(300,100);
            //坐标轴 x 方向的箭头
            MoveTo(300,100);
            LineTo(290,95);
            MoveTo(300,100);
            LineTo(290,105);
            //坐标轴 y 方向的直线
            MoveTo(150,0);
            LineTo(150,200);
            //坐标轴 y 方向的箭头
            MoveTo(150,0);
            LineTo(145,10);
            MoveTo(150,0);
            LineTo(155,10);
            //输出文字 x,y
            TextOut(290,110,'x');
            TextOut(155,10,'y');
            //输出文字 y=sin(x)和 y=cos(x)
            TextOut(60,60,'y=sin(x)');
            TextOut(60,130,'y=cos(x)');
        end;
    //绘制 y=cos(x)
    Image1. Canvas. Pen. Color:=clGreen;
    Image1. Canvas. Pen. Width:=2;
    with Image1. Canvas do
```

```
        begin
            MoveTo(60,75);
            for i:=-18 to 18 do
              begin
              x:=i*5;
              y:=-Round(25*cos(PI/9*I));
              LineTo(150+x,100+y);
              end;
          end;
    //绘制 y=sin(x)
    Image1. Canvas. Pen. Color:=clRed;
    Image1. Canvas. Pen. Width:=2;
    With Image1. Canvas do
        begin
            MoveTo(60,100);
            for i:=-18 to 18 do
              begin
              x:=i*5;
              y:=Round(25*sin(-PI/9*I));
              LineTo(150+x,100+y);
              end;
          end;
      end;
```

❖思考:

如何设计 $y=x$ 直线?

```
with Image1. Canvas do
    begin
        x:=-18*5;
        y:=Round(25*pi);
        MoveTo(150+x,150+y);
        for i:=-18 to 18 do
          begin
            x:=i*5;
            y:=Round(25*PI/9*I);
            LineTo(150+x,100-y);
          end;
      end;
```

【实战五】 月食

✳ 设计要求

在 Delphi 中实现对图形的动画功能也是常见的操作。今天设计的月食现象,其实是一个静止不动的圆和一个移动的圆构成的一种效果。静止的圆用红色绘制,移动的圆用窗体颜色表示,这样可以做到隐藏的效果,当其不断移动时,显示出不断遮住静止的圆的效果。当双击月亮的图形区时,可以重新开始程序运行效果如图 8-15 所示。

图 8-15　模拟月食

✤ 要点说明

1.定义一个全局变量,用来表示运动圆的和静止圆之间的间距。

2.自定义函数,用于画 2 个圆。

3.设置计数器中的程序,实现重复画圆功能。

4.双击月亮将数据还原,以便开始重新画圆。

✤ 设计步骤

(1)定义一个全局变量 n,用来表示运动圆的和静止圆之间的间距。

(2)FormCreate()事件。

procedure TForm1. FormCreate(Sender: TObject);

begin

   self. Position := poScreenCenter;　　　　//窗体位于屏幕的中间

   n := −PaintBox1. Width div 5 * 4;　　　　//2 个圆之间的初始间距

end;

(3)设计一个自定义函数 Moon,用于画 2 个圆。

提示:

①使用 TPaintBox 组件;

②第一个圆设置为红色;

③第二个圆设置为窗体颜色。

procedure TForm1. Moon(PaintBox1: TPaintBox; n:integer);　　　　//实现画出 2 个圆的位置

var x1,y1,x2,y2:integer;

begin

   PaintBox1. Canvas. Pen. Color := clYellow;

   PaintBox1. Canvas. Pen. Mode := pmCopy;　　　　//使用 Color 属性中的颜色

   PaintBox1. Canvas. Pen. Style := psSolid;　　　　　　//画固定线段

   PaintBox1. Canvas. Pen. Width := 1;

   PaintBox1. Canvas. Brush. Color := clYellow;

   PaintBox1. Canvas. Brush. Style := bsSolid;　　　　　　　//全填充

   x1 := 0;

   y1 := 0;

```
    x2 := PaintBox1. Width-1;
    y2 := PaintBox1. Height-1;
    PaintBox1. Canvas. Ellipse(x1,y1,x2,y2);        //以 PaintBox 大小画圆(静止圆)
    PaintBox1. Canvas. Pen. Color := self. Color;
    PaintBox1. Canvas. Brush. Color := self. Color;  //运动圆和窗体的颜色一致
    PaintBox1. Canvas. Ellipse(x1+n,y1+n,x2+n,y2+n);  //跟静止圆间隔 n,再画一个运动圆
end;
```

（4）在窗体中画出圆。

```
procedure TForm1. PaintBox1Paint(Sender：TObject);
begin
    self. Moon(PaintBox1,n);                //在窗体中画出 2 个圆
end;
```

（5）在计时器中设计程序，实现动画功能。

```
procedure TForm1. Timer1Timer(Sender：TObject);
begin
    n:=n+10;
    if n>=PaintBox1. Width div 5 * 4 then
        Timer1. Enabled := False;
    PaintBox1. RePaint;                //PaintBox1 重复画圆
end;
```

（6）双击 PaintBox1，将数据还原，即开始重新画。

```
procedure TForm1. PaintBox1DblClick(Sender：TObject);
begin
    n := -PaintBox1. Width div 5 * 4;
    Timer1. Enabled:=True;
end;
```

（7）改变圆的大小。

```
procedure TForm1. FormResize(Sender：TObject);
begin
    self. ClientHeight := self. ClientWidth div 4 * 3;
    PaintBox1. Width := self. ClientWidth div 2;
    PaintBox1. Height := PaintBox1. Width;
    PaintBox1. Left := PaintBox1. Width div 2;
    PaintBox1. Top := PaintBox1. Left div 2;
end;
```

❖思考：

如何通过在窗体中增加按钮，实现将动画过程暂停和运行的功能？

【实战六】 图像动画设计

✿ 设计要求

当窗体运行时，获取当前图片保存的目录并将窗体进行初始化大小设置。当双击图片时，开始依次显示该目录中的所有.jpg 图片文件。再次双击图片就继续开始循环显示

图片,程序执行效果如图 8-16 所示。

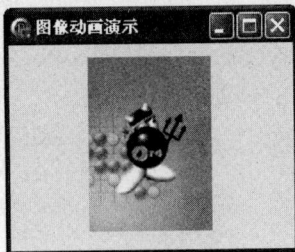

图 8-16　图像动画演示

✿ 要点说明

1.计数器中程序的设置,实现图片的显示功能。

2.双击图片既可以继续显示图片同时也能停止显示。

✿ 设计步骤

(1)定义全局变量。

```
var filename,pathname:string;                    //文件名、目录名
  i:integer＝0;                                  //第几个文件
```

(2)初始化窗体。

```
procedure TForm1.FormCreate(Sender：TObject);
begin
  self.Position := poScreenCenter;
  pathname:=GetCurrentDir;                        //获得当前目录名
  Form1.Width := 240;
  Form1.Height:= 180;
  Image1.AutoSize := True;                        //Image1 自动适应图像的尺寸
end;
```

(3)计数器的设计。

```
procedure TForm1.Timer1Timer(Sender：TObject);
begin
  filename:=pathname＋'\IMAGES\img7'＋IntToStr(i)＋'.jpg';    //图像文件名
  try                                                        //异常保护
    Image1.Picture.LoadFromFile(filename);                   //读取图像文件
    Image1.Top := (Form1.ClientHeight － Image1.Height) div 2;
//控制 Image1 居中
    Image1.Left:= (Form1.Width － Image1.Width) div 2;
  finally                            //文件不存在时跳过,准备下一个文件
    i:＝(i＋1) mod 10;
  end;
end;
```

(4)双击图片操作。

```
procedure TForm1.Image1DblClick(Sender：TObject);  //双击事件
begin
  Timer1.Enabled := not Timer1.Enabled;            //启动与暂停
end;
```

数据库编程

Delphi 具有强大的数据库应用程序开发功能，它能适应各种大型的数据库，如 Oracle、DB2、SyBase 和 SQL Server 等。

☞ **本模块学习要点**

1. 连接数据库
2. 对数据库中的数据进行增加、删除、修改和查询等操作

项目一　BDE 数据库

（建议：2 课时）

数据库引擎 BDE(Borland Database Engine)是 Delphi 为数据库应用程序设计的统一的数据库接口。DBE 实际上是由几个 DLL 模块构成的，它们负责数据库工作的核心部分。Delphi 通过 BDE 来控制读取本地数据库。Delphi 自带 bDase 和 Paradox 数据库，不需安装，这对于开发小型系统是非常有利的，同时 BDE 还能通过其他工具访问远程数据库。

Paradox 是 Delphi 7 自带的一个小型桌面数据库，它是 Delphi 7 开发小型桌面数据库系统的应用程序时一个比较好的选择。Paradox 数据库、表的建立与维护，均通过 Delphi 7 提供的数据库设计工具 Database Desktop 进行。

【任务一】

在 BDE 中创建名为 Student 的数据库。

◎ 操作步骤

(1)在 BDE 中创建数据库。

①建立与 Student 数据库对应的文件夹，设该文件夹名及路径为"d:\paradoxDB"。

②BDE Administrator 中配置 Paradox 数据库，使之支持中文。

③"开始"→"所有程序"→"Borland Delphi"→"BDE Administrator"，弹出"BDE Administrator"窗口，如图 9-1 所示。

④创建名为 Student 的数据库，方法是：选择 BDE Administrator 窗口左边选项卡中的"Databases"，单击鼠标右键，在弹出的快捷菜单上选择"New"，再在弹出的选择数据库驱动程序对话框中选择"STANDARD"，单击"OK"按扭，如图 9-2 所示。

⑤然后为所创建的数据库命名，并设置 Student 数据库的属性参数，如图 9-3 所示。

可设置的参数有：

DEFAULT DRIVER：默认的数据库驱动程序。

ENABLE BCD：是否支持对数字进行 BCD 编码。

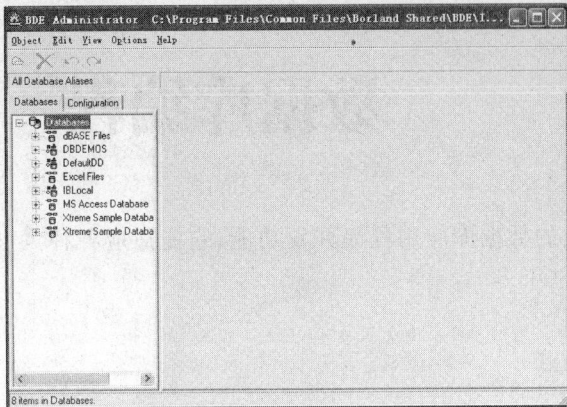

图 9-1　BDE Administrator 窗口

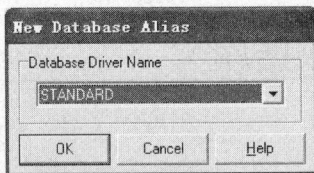

图 9-2　创建数据库

PATH:设置数据库对应的路径。

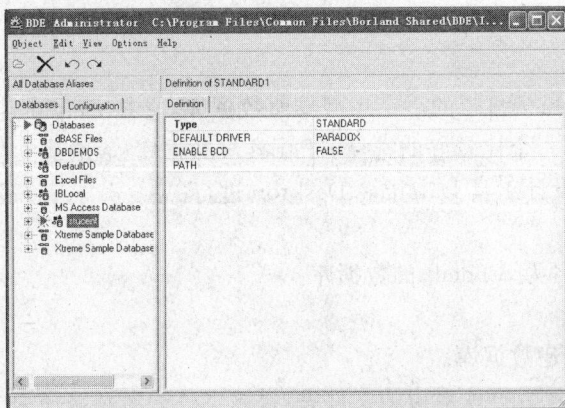

图 9-3　设置属性参数

⑥保存所创建的数据库及设置信息,选择 BDE Administrator 主菜单下的"Object"→"Apply"命令项,将弹出保存数据库确认对话框,单击 OK 即可保存。

(2)创建表。

①运行 Database Desktop:"开始"→"程序"→"Borland Delphi 7"→"Database Desktop"。

②新建表,选择 Database Desktop 主菜单的" File"→"New"→"Table…"命令项,将弹出选择新建表类型的对话框,选择 PARADOX 7,单击"OK"按钮。

③出现创建表的窗口,如图 9-4 所示,该窗口分为左右两部分,左边是字段信息输入区,共有五列,第一列是字段序号,由系统自动生成,其余四列分别为:

Field Name(字段名):可最多输入 25 个字符作为字段名,支持中文。

Type(数据类型)：可直接输入数据类型的缩写字母，也可单击鼠标右键打开弹出式菜单选择数据类型。

Size(长度)：设定字段的长度。

Key(是否为关键字)：若某字段为关键字，则该列显示＊号。

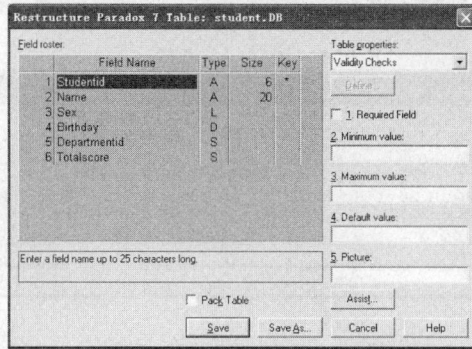

图 9-4　创建表

④保存新建的表，单击创建表窗口的"Save As"按钮，将出现"Save Table As"对话框，在其中选择表的保存路径、保存数据库类型和表所属的数据库名，并输入表名。

(3)修改表结构。

①打开表，在 Database Desktop 中选择主菜单"File"→"Open"→"Table…"命令项，或单击工具栏上的"Open Table"按钮，将出现"Open Table"对话框，选择需打开的数据库、表，单击"打开"按钮。

②在出现的表结构编辑窗口中选择主菜单下的"Table"→"Restructure…"命令项，或单击工具栏上的"Restructure"按钮，将打开一个新窗口，在其中可进行修改字段各属性的操作。

(4)向表中添加记录。

①打开表，方法与修改表结构的第一步操作相同。

②选择主菜单的"Table"→"Edit Data"命令项，进入表编辑状态，此时就可以进行数据添加操作了。

③逐行输入数据。输入数据时，要注意几点：一是关键字字段值要唯一；二是输入的数据要与字段的数据类型相符；三是字段长度的限制；四是英文字符、数字等与汉字所占字节数的区别。

输入数据之后的效果如图 9-5 所示。

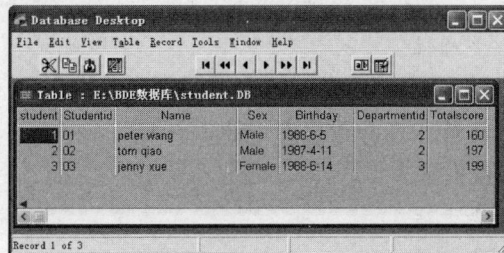

图 9-5　向表中输入数据

④保存数据,输入完成后,选择主菜单的"File"→"Close"即可保存表数据。

【独立练习】

设计如下 BDE 数据库,表的结构和创建分别如图 9-6、图 9-7 所示。

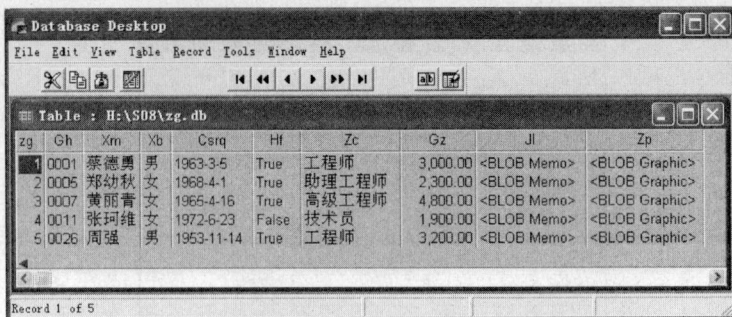

图 9-6　BDE 数据库中表的结构

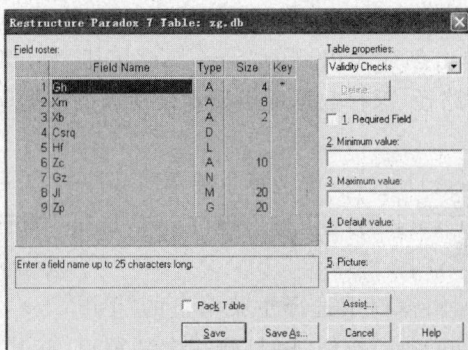

图 9-7　表的创建

项目二　BDE 组件

(建议:6 课时)

Delphi 中使用 BDE 建立数据库应用程序,可以通过组件面板的 BDE 选项卡上的各个组件实现。

一、数据集组件 TTable(▦)

1. TTable 组件的主要属性

DatabaseName:指明要访问的数据库名或本地数据库的路径。

TableName:指定和组件相连的数据库中的表名。

Active:打开或关闭数据集。

2. TTable 组件的主要方法

(1)打开或关闭数据集。

(2)改变数据集的当前记录。

(3)定位一条指定记录。

3. TTable 组件的主要事件

TTable 组件可以响应的事件大致分为三类：Before＋操作名，After＋操作名和 On ＋操作名。

二、数据源组件 TDataSource(⊡)

1. TDataSource 组件的主要属性

DataSet：指定为其提供数据的数据集组件，如 TTable、TQuery 等。

2. TDataSource 组件的主要方法

主要用于数据集组件与数据界面组件的连接。

3. TDataSource 组件的主要事件

OnDataChange：当修改字段内容或记录指针移动时触发。

OnUpdateData：当关系表中当前的记录被更新时触发。

三、数据控制组件 TDBGrid(⊡)和 TDBNavigator(⊡)

1. 数据控制组件的共同属性

DataSource：指定连接的数据源组件。

Enabled：组件是否有效。

ReadOnly：指定是否可编辑。

2. TDBGrid 组件的主要属性

Columns：设置需要显示的字段及其属性。

3. TDBNavigator 组件

主要用于对集中的数据进行浏览、删除、插入、提交等操作。

【任务一】

使用 Delphi 数据库向导，创建网格显示的数据库应用程序，如图 9-8 所示。

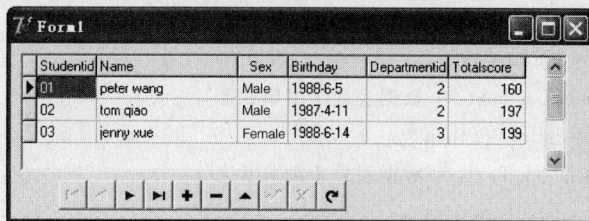

图 9-8 任务一的显示效果

具体的组件属性设置见表 9-1。

表 9-1 组件属性设置

所在选项卡	组件	属性	取值
BDE	TTable	dbaseName	student
	TTable	TableName	student.db
	TTable	Active	True

所在选项卡	组件	属性	取值
Data Access	TDataSource	dataSet	table1
Data Controls	TDBgrid	dataSource	dataSource1
Data Controls	TDBNavigator	dataSource	dataSource1

【任务二】

设计一个窗体，对数据表进行数据编辑，其效果图如 9-9 所示。

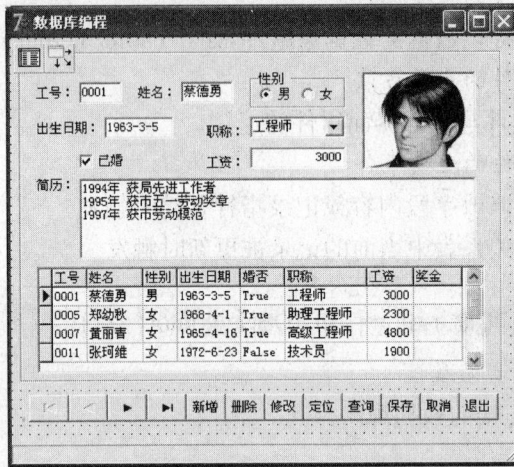

图 9-9　任务二的显示效果

◎ 操作步骤

（1）按图 9-9 中的信息显示，设计窗体界面。

（2）当数据源状态发生变化时，在状态栏上显示相应的提示。

```
procedure TForm1.DataSource1StateChange(Sender：TObject)；
begin
    if Table1.State＝dsInsert then
    StatusBar1.Panels[0].Text：＝'数据表处于插入状态'；
    if Table1.State＝dsEdit then
    StatusBar1.Panels[0].Text：＝'数据表处于编辑状态'；
    if Table1.State＝dsBrowse then
    StatusBar1.Panels[0].Text：＝'数据表处于浏览状态'；
    if Table1.State＝dsSetKey then
    StatusBar1.Panels[0].Text：＝'数据表处于查询状态'；
end；
```

（3）单击"新增"按钮时，数据表中添加一条空记录，同时设置相应的按钮灰显。

```
procedure TForm1.Button1Click(Sender：TObject)；
begin
    if Table1.CanModify then
    begin
        Table1.Append；
```

```
        GroupBox1. Enabled:=True;
        DBNavigator1. Enabled:=False;
        Button1. Enabled:=False;
        Button2. Enabled:=False;
        Button3. Enabled:=False;
        Button4. Enabled:=False;
        Button5. Enabled:=False;
        Button6. Enabled:=False;
        Button7. Enabled:=False;
        Button8. Enabled:=False;
      end
  else
      ShowMessage('当前数据表不能新增记录');
  end;
```

(4)单击"删除"按钮时,确认后删除当前记录。

```
procedure TForm1. Button2Click(Sender:TObject);
begin
    if MessageDlg('确实要删除当前记录吗?',mtInformation,[mbOK,mbCancel],0)=mrOK then
    Table1. Delete;
end;
```

(5)单击"修改"按钮时,数据表进入编辑状态,同时设置相应的按钮灰显。

```
procedure TForm1. Button3Click(Sender:TObject);
begin
    if Table1. CanModify then
    begin
      Table1. Edit;
      GroupBox1. Enabled:=True;
      DBNavigator1. Enabled:=False;
      Button1. Enabled:=False;
      Button2. Enabled:=False;
      Button3. Enabled:=False;
      Button4. Enabled:=False;
      Button5. Enabled:=False;
      Button6. Enabled:=False;
      Button7. Enabled:=False;
      Button8. Enabled:=False;
    end
  else
      ShowMessage('当前数据表不能被修改');
end;
```

(6)单击"定位"按钮时,打开一个输入框,输入步长,指针移到相应位置。

```
procedure TForm1. Button4Click(Sender:TObject);
```

```
var
  i,code:integer;
  scope:string;
begin
  repeat
  scope:=InputBox('移动指针位置','请输入移动距离:','0');
  Val(scope,i,code);
  if code<>0 then            //当 code<>0 时,scope 为非数值字符
  ShowMessage('你输入了一个错误的移动范围,请重试!');
  until code=0;
  Table1.MoveBy(i);
end;
```

(7)单击"查询"按钮时,打开一个对话框,输入工号进行查询。

```
procedure TForm1.Button5Click(Sender:TObject);
begin
  if FindRecordDlg.ShowModal=mrOK then
  begin
    Table1.IndexFieldNames:='GH';
    Table1.SetKey;
    Table1.FieldByName('GH').Value:=FindRecordDlg.Edit1.Text;
      if not Table1.GotoKey then
        if MessageDlg('无匹配记录,是否转到最近记录?',mtInformation,[mbOK,mbCancel],0)
            =mrOK then
        Table1.GotoNearest;
  end;
end;
```

(8)单击"保存"按钮时,控制组件的数据被保存到数据表中,同时设置相应的按钮正常显示。

```
procedure TForm1.Button6Click(Sender:TObject);
begin
  if Table1.Modified then
  begin
  Table1.Post;
  GroupBox1.Enabled:=False;
  DBNavigator1.Enabled:=True;
  Button1.Enabled:=True;
  Button2.Enabled:=True;
  Button3.Enabled:=True;
  Button4.Enabled:=True;
  Button5.Enabled:=True;
  Button6.Enabled:=True;
  Button7.Enabled:=True;
```

```
    Button8. Enabled：＝True；
  end；
end；
```

（9）单击"取消"按钮时，取消前一个编辑或新增等操作，同时设置相应的按钮正常显示。

```
procedure TForm1. Button7Click(Sender：TObject)；
begin
  Table1. Cancel；
  GroupBox1. Enabled：＝False；
  DBNavigator1. Enabled：＝True；
  Button1. Enabled：＝True；
  Button2. Enabled：＝True；
  Button3. Enabled：＝True；
  Button4. Enabled：＝True；
  Button5. Enabled：＝True；
  Button6. Enabled：＝True；
  Button7. Enabled：＝True；
  Button8. Enabled：＝True；
end；
```

（10）单击"退出"按钮时，退出窗体。

```
procedure TForm1. Button8Click(Sender：TObject)；
begin
  close；
end；
```

【任务三】

用 BDE 对数据表进行数据查询，界面如图 9-10 所示。

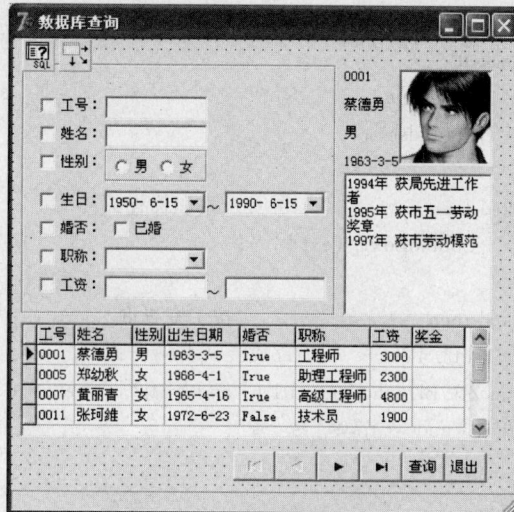

图 9-10　数据库查询界面

◎ 操作步骤

(1)按图 9-10 中的信息显示,设计窗体界面。

(2)单击"查询"按钮,对数据表进行查询。

```delphi
procedure TForm1.Button1Click(Sender: TObject);
var
    tj,tj1,tj2,tj3,tj4,tj5,tj6,tj7:string;
begin
  tj1:=' 1=1 ';
  if CheckBox1.Checked then                      //按工号查询
      tj1:=' GH like '''+'%'+Edit1.Text+'%'+'''';
  tj2:=' 1=1 ';
  if CheckBox2.Checked then                      //按姓名查询
      tj2:=' XM like '''+'%'+Edit2.Text+'%'+'''';
  tj3:=' 1=1 ';
  if CheckBox3.Checked then                      //按性别查询
  begin
      if RadioGroup1.ItemIndex=0 then
          tj3:=' XB like '''+'%男%'+'''';
      if RadioGroup1.ItemIndex=1 then
          tj3:=' XB like '''+'%女%'+'''';
  end;
  tj4:=' 1=1 ';
  if CheckBox4.Checked then                      //按生日查询
    tj 4:=' CSRQ>= #'+DateToStr(DateTimePicker1.Date)+'# and CSRQ<= #'+Date-
      ToStr(DateTimePicker2.Date)+'#';
  tj5:=' 1=1 ';
  if CheckBox5.Checked then                      //按婚否查询
    if CheckBox8.Checked
      then    tj5:=' HF=True '
      else    tj5:=' HF=False ';
  tj6:=' 1=1 ';
  if CheckBox6.Checked then                      //按职称查询
    tj6:=' ZC like '''+ComboBox1.Text+'''';
  tj7:=' 1=1 ';
  if CheckBox7.Checked then                      //按工资查询
    tj7:=' GZ>='+Edit3.Text+' and GZ<='+Edit4.Text;
  tj:='select *   from ZG.BD where '+tj1+' and '+tj2+' and '+tj3+' and '+tj4+' and '
    +tj5+' and '+tj6+' and '+tj7;
  Query1.Close;
  Query1.SQL.Clear;
  Query1.SQL.Add(tj);
  Query1.Open;
end;
```

项目三　ADO 组件

（建议：6 课时）

　　ADO 是 Microsoft ActiveX Data Objects 的缩写，也是微软开发的适用于 Windows 操作系统的数据库访问技术。它位于 OLE DB 的上层，封装了 OLE DB 的所有功能，为那些不能直接访问 OLE DB 的语言（如 Visual Basic 和脚本语言）提供编程接口。

　　Delphi 的 ADO 组件共有 7 个，位于组件面板的 ADO 选项卡上，分别是：TADOConnection、TADODataSet、TADOTable TADOQuery、TADOStoredProc、TADOCommand 和 RDSConnection。其中后面的 6 个组件可以直接连接到数据库，但更为常用的方式是通过 TADOConnection 组件连接到数据库。Delphi 数据库连接方式如图 9-11 所示。

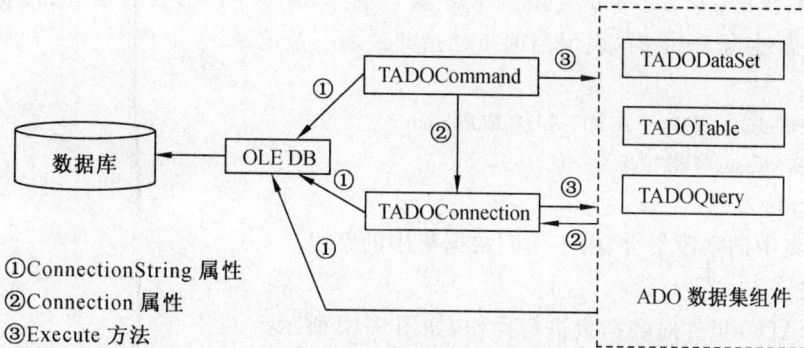

图 9-11　Delphi 数据库连接

一、TADOConnection 组件（ADO画）

TADOConnection 组件用于建立数据库的连接，该连接可被多个数据集所共享。

1. TADOConnection 组件提供的功能

* 控制数据库的连接
* 控制服务器的注册
* 管理事务
* 为关联的数据集提供数据库连接
* 将 SQL 命令发送到数据库中
* 从数据库中提取数据

2. TADOConnection 的常用属性

ConnectionString（连接字符串）属性：用于指定数据库的连接信息。

Connected 属性：标识和数据库的连接是否处于激活状态。

LoginPrompt 属性：指定在每次建立连接时是否弹出登录对话框提示用户登录，如果设为 False 则必须在 ConnectionString 中指定登录数据库的用户名和密码。

二、TADOTable 组件（ 🔲 ）

TADOTable 组件只能通过 ADO 访问数据库中单个数据表的数据。

1. Active 属性

Active 属性确定数据集是否处于打开状态。设置 Active 属性为 True，则数据集被打开，相当于调用 Open 方法，可以对数据库进行读或写操作；设置 Active 属性为 False，则数据集被关闭，相当于调用 Close 方法。

2. Connection 属性和 ConnectionString 属性

指定所使用的数据源连接组件的名称，即 TADOConnection 组件的名称。

3. BOF 属性和 EOF 属性

BOF 属性和 EOF 属性用于判断当前记录指针的位置是否位于文件开始和结束处。它们都是只读的，为 Boolean 类型。BOF 属性为 True 时，表示当前指针指向第一条记录。EOF 属性为 True 时，表示当前指针指向最后一条记录。

例如：

```
if ADOTable1. BOF or ADOTable1. EOF then
    ShowMessage('数据集是空的。');
```

4. Fields 属性

数据集中的字段集合，用于访问数据集中的字段。

【任务一】

使用 ADO 组件对数据表进行操作，如图 9-12 所示。

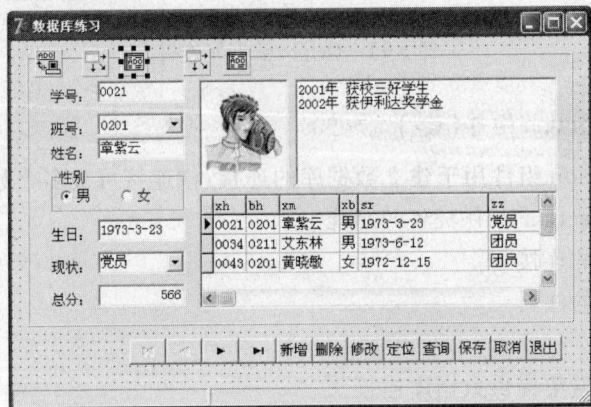

图 9-12　使用 ADO 组件对数据表进行操作

◎ 操作步骤

(1)按要求设计窗体界面。

(2)每次启动时设置数据表的 Active 属性为 True。

```
procedure TForm1. FormCreate(Sender: TObject);

begin

    ADOTable1. Active: = True;

    ADOTable2. Active: = True;
```

end；

(3)当数据源状态发生变化时,在状态栏上显示相应提示。

```
procedure TForm1.DataSource1StateChange(Sender：TObject)；
begin
    if ADOTable1.State=dsInsert then
      StatusBar1.Panels[0].Text:='数据表处于插入状态'；
    if ADOTable1.State=dsEdit then
      StatusBar1.Panels[0].Text:='数据表处于编辑状态'；
    if ADOTable1.State=dsBrowse then
      StatusBar1.Panels[0].Text:='数据表处于浏览状态'；
    if ADOTable1.State=dsSetKey then
      StatusBar1.Panels[0].Text:='数据表处于查询状态'；
end；
```

(4)单击"新增"按钮时,数据表中添加一条空记录,同时设置相应的按钮灰显。

```
procedure TForm1.Button1Click(Sender：TObject)；
begin
    if ADOTable1.CanModify then
    begin
      ADOTable1.Append；
      Panel1.Enabled:=True；
      DBNavigator1.Enabled:=False；
      Button1.Enabled:=False；
      Button2.Enabled:=False；
      Button3.Enabled:=False；
      Button4.Enabled:=False；
      Button5.Enabled:=False；
      Button6.Enabled:=False；
      Button7.Enabled:=False；
      Button8.Enabled:=False；
    end
    else
      ShowMessage('当前数据表不能新增记录')；
end；
```

(5)单击"删除"按钮,确认后删除当前记录。

```
procedure TForm1.Button2Click(Sender：TObject)；
begin
    if MessageDlg('确实要删除当前记录吗?',mtInformation,[mbOK,mbCancel],0)=mrOK then
      ADOTable1.Delete；
end；
```

(6)单击"修改"按钮时,数据表进入编辑状态,同时设置相应的按钮灰显。

```
procedure TForm1.Button3Click(Sender：TObject)；
begin
```

```
if ADOTable1. CanModify then
begin
    ADOTable1. Edit;
    Panel1. Enabled: = True;
    DBNavigator1. Enabled: = False;
    Button1. Enabled: = False;
    Button2. Enabled: = False;
    Button3. Enabled: = False;
    Button4. Enabled: = False;
    Button5. Enabled: = False;
    Button6. Enabled: = False;
    Button7. Enabled: = False;
    Button8. Enabled: = False;
end
else
    ShowMessage('当前数据表不能被修改');
end;
```

(7)单击"定位"按钮时,打开输入框,输入步长,指针移到相应记录。

```
procedure TForm1. Button4Click(Sender: TObject);
var
    i,code:integer;
    scope:string;
begin
    repeat
    scope: = InputBox('移动指针位置','请输入移动距离:','0');
    Val(scope,i,code);
    if code<>0 then          //当 code<>0 时,scope 为非数值字符
        ShowMessage('你输入了一个错误的移动范围,请重试!');
    until code=0;
    ADOTable1. MoveBy(i);
end;
```

(8)单击"查询"按钮时,打开对话框,输入工号进行查询。

```
procedure TForm1. Button5Click(Sender: TObject);
var
    Loctstr:string;
begin
    loctstr: = InputBox('按学号查询','请输入学号:','0');
    if not ADOTable1. Locate('XH',loctstr,[loCaseInsensitive]) then
    ShowMessage('无匹配记录!');
end;
```

(9)单击"保存"按钮时,控制组件的数据被保存到数据表中,同时设置相应的按钮正常显示。

```
procedure TForm1.Button6Click(Sender: TObject);
begin
  if ADOTable1.Modified then
  begin
    ADOTable1.Post;
    Panel1.Enabled:=False;
    DBNavigator1.Enabled:=True;
    Button1.Enabled:=True;
    Button2.Enabled:=True;
    Button3.Enabled:=True;
    Button4.Enabled:=True;
    Button5.Enabled:=True;
    Button6.Enabled:=True;
    Button7.Enabled:=True;
    Button8.Enabled:=True;
  end;
end;
```

(10)单击"取消"按钮时,取消上一个编辑或新增等操作,同时设置相应的按钮正常显示。

```
procedure TForm1.Button7Click(Sender: TObject);
begin
  ADOTable1.Cancel;
  Panel1.Enabled:=False;
  DBNavigator1.Enabled:=True;
  Button1.Enabled:=True;
  Button2.Enabled:=True;
  Button3.Enabled:=True;
  Button4.Enabled:=True;
  Button5.Enabled:=True;
  Button6.Enabled:=True;
  Button7.Enabled:=True;
  Button8.Enabled:=True;
end;
```

(11)单击"退出"按钮时,退出窗体。

```
procedure TForm1.Button8Click(Sender: TObject);
begin
  close;
end;
```

【任务二】

用 ADO 设计数据表查询窗体,如图 9-13 所示。

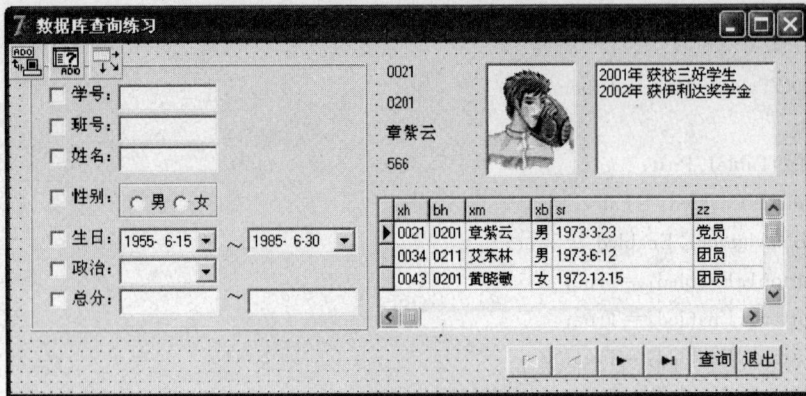

图 9-13　用 AD 设计数据表查询窗体

◎ 操作步骤

(1)按图 9-13 中的信息显示，设计窗体界面。

(2)单击"查询"按钮，对数据表进行查询。

```
procedure TForm1.Button1Click(Sender：TObject)；
var
    tj,tj1,tj2,tj3,tj4,tj5,tj6,tj7：string；
begin
    tj1：=' 1=1 '；
    if CheckBox1.Checked then        //按学号查询
        tj1：=' XH like '''+'%'+Edit1.Text+'%'+''''；
    tj2：=' 1=1 '；
    if CheckBox2.Checked then        //按班号查询
        tj2：=' BH like '''+'%'+Edit2.Text+'%'+''''；
    tj3：=' 1=1 '；
    if CheckBox3.Checked then          //按姓名查询
        tj3：=' XM like '''+'%'+Edit3.Text+'%'+''''；
    tj4：=' 1=1 '；
    if CheckBox4.Checked then          //按性别查询
    begin
        if RadioGroup1.ItemIndex=0 then
            tj4：=' XB like '''+'%男%'+''''；
        if RadioGroup1.ItemIndex=1 then
            tj4：=' XB like '''+'%女%'+''''；
    end；
    tj5：=' 1=1 '；
    if CheckBox5.Checked then    //按生日查询
        tj5：=' SR>= #'+DateToStr(DateTimePicker1.Date)+'# and SR<= #'+DateToStr
            (DateTimePicker2.Date)+'#'；
    tj6：=' 1=1 '；
```

◼ 184 Delphi 程序设计

```
    if CheckBox6.Checked then   //按政治面貌查询
      tj6:=' ZZ like '''+ComboBox1.Text+'''';
    tj7:=' 1=1 ';
    if CheckBox7.Checked then   //按总分查询
      tj7:=' ZF>='+Edit4.Text+' and ZF<='+Edit5.Text;
    tj:='select *   from XS.DB where '+tj1+' and '+tj2+' and '+tj3+' and '+tj4+' and '
      +tj5+' and '+tj6+' and '+tj7 ;
    ADOQuery1.Close;
    ADOQuery1.SQL.Clear;
    ADOQuery1.SQL.Add(tj);
    ADOQuery1.Open;
  end;
```

项目四　实战训练

（建议：6 课时）

【实战】 学生信息管理系统设计

完成对数据库的信息检索和对记录的增加、删除、修改和查询操作。具体要求如下：

1.根据要求设计数据库，填写 10 条记录。

2.设计“登录”界面。输入相应的正确口令后，登录到主界面，否则给出相应的提示信息。输入口令有 3 次机会。

3.设计“信息管理”主界面。

(1)合理设计界面，选择正确的组件。

(2)“记录移动与退出”设计完成基本功能。其中的“首记录”“前移”“后移”和“末记录”按钮能完成相应的导航作用。

(3)“记录的增删改查询”设计完成基本功能。其中“查询”要求按姓名来进行查询，显示相应的记录信息。“确定”和“取消”是起到对此任务操作的相应数据库中的记录保存与否的功能。

◎ 操作步骤

(1)设计数据库。

根据要求利用 ACCESS 设计数据库表。

①密码表，用于界面设计时判断密码用，如图 9-14 所示。

密码 ：表

字段名称	数据类型
用户名	文本
密码	文本

图 9-14　密码表

②建立学生档案表，依次输入 10 条记录，如图 9-15 所示。

图 9-15　学生档案表

（2）设计"登录"界面。

根据用户名和密码匹配，完成系统登录，如图 9-16 所示。输入不正确，就给出相应的提示信息。如果匹配，则会进入"信息管理"主界面。

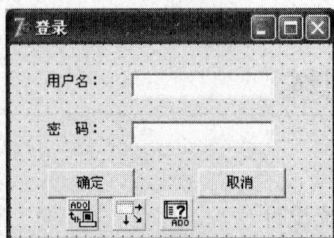

图 9-16　"登录"界面

```
procedure TForm1. Button1Click(Sender：TObject)；
begin
with ADOQuery1 do
  begin
  close；
  SQL. Clear；
  SQL. Add('select ＊ from 密码 where 用户名＝:p1')；
  Parameters. ParamByName('p1'). Value：＝Trim(Edit1. Text)；
  open；
  if　ADOQuery1. Eof　then
    begin
    ShowMessage('用户名错误！')；
    Edit1. SetFocus；
    end
  else
    begin
      close；
      SQL. Clear；
      SQL. Add('select ＊ from 密码 where 用户名＝:p1 and 密码＝:p2')；
      Parameters. ParamByName('p1'). Value：＝Trim(Edit1. Text)；
      Parameters. ParamByName('p2'). Value：＝Trim(Edit2. Text)；
      open；
```

```
        if   ADOQuery1. Eof   then
        begin
        ShowMessage('密码错误!');
        Edit2. SetFocus;
        end
        else   Form2. ShowModal;
      end;
    end;
end;
```

(3)设计"信息管理"主界面。

使用正确的组件,实现界面设计,如图 9-17 所示。

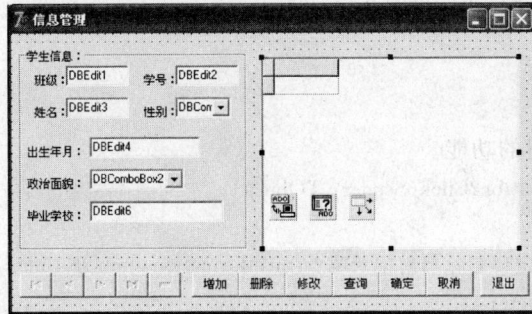

图 9-17 "信息管理"主界面

①实现组件和数据库的正确连接。

②实现导航按钮的设计及功能。

③编写按钮的变动。

```
procedure btmaddedit();
//单击"增加"或"修改"按钮后,部分按钮的显示状态
begin
  Form2. Button1. Enabled: =False;
  Form2. Button2. Enabled: =False;
  Form2. Button3. Enabled: =False;
  Form2. Button4. Enabled: =False;
  Form2. Button5. Enabled: =True;
  Form2. Button6. Enabled: =True;
end;
procedure btmokcancel();
//单击"确定"或"取消"按钮后,部分按钮的显示状态
begin
  Form2. Button1. Enabled: =True;
  Form2. Button2. Enabled: =True;
  Form2. Button3. Enabled: =True;
  Form2. Button4. Enabled: =True;
```

```
    Form2. Button5. Enabled:=False;
    Form2. Button6. Enabled:=False;
end;
```

④实现"增加"按钮的功能。

```
procedure TForm2. Button1Click(Sender: TObject);
begin
  if ADOQuery1. CanModify then
  begin
    ADOQuery1. Append;
    GroupBox1. Enabled:=True;
    DBEdit1. SetFocus ;
    DBNavigator1. Enabled:=False ;
    btmaddedit;
  end;
end;
```

⑤实现"删除"按钮的功能。

```
procedure TForm2. Button2Click(Sender: TObject);
begin
  if MessageDlg('确定要删除当前记录吗?',mtInformation,[mbOK,mbCancel ],0)=mrOk then
    ADOQuery1. Delete;
end;
```

⑥实现"修改"按钮的功能。

```
procedure TForm2. Button3Click(Sender: TObject);
begin
  If ADOQuery1. CanModify then
  begin
    ADOQuery1. Edit;
    GroupBox1. Enabled:=True;
    DBEdit1. SetFocus;
    DBNavigator1. Enabled:=True;
    btmaddedit;
  end;
end;
```

⑦实现"查询"按钮的功能。

```
procedure TForm2. Button4Click(Sender: TObject);
var
  xm:string;
begin
  xm:=InputBox('按姓名查询','请输入姓名:','');
  if not ADOQuery1. Locate('姓名',xm,[loCaseInsensitive ]) then
    ShowMessage('无匹配条件的记录!');
end;
```

⑧实现"确定"按钮的功能：保存增加或修改的数据。

```
procedure TForm2.Button5Click(Sender:TObject);
begin
  if ADOQuery1.Modified then
  begin
    ADOQuery1.Post;
    DBNavigator1.Enabled:=True;
    GroupBox1.Enabled:=False;
    btmokcancel;
  end;
end;
```

⑨实现"取消"按钮的功能：取消保存。

```
procedure TForm2.Button6Click(Sender:TObject);
begin
  ADOQuery1.Cancel;
  DBNavigator1.Enabled:=True;
  GroupBox1.Enabled:=False;
  btmokcancel;
end;
```

⑩实现"退出"按钮的功能。

```
procedure TForm2.Button7Click(Sender:TObject);
begin
  close;
end;
```

参考文献

［1］梁冰，梁水，李方超. Delphi 应用开发完全手册. 北京：人民邮电出版社，2006.

［2］张世明. Delphi 程序设计基础(第二版). 北京：人民邮电出版社，2008.

［3］杨长春. Delphi 程序设计教程(第二版). 北京：清华大学出版社，2008.

［4］吕新平. Delphi 程序设计教程. 北京：人民邮电出版社，2004.

［5］马尚风. Delphi 程序设计. 北京：中国科学技术出版社，2006.